聚合物冻胶成胶行为研究

于海洋　纪文娟　张鹏　著

北　京

冶 金 工 业 出 版 社

2021

内 容 提 要

本书内容共分4章。第1章介绍了调剖堵水用聚合物冻胶发展历程及趋势。第2章介绍了聚合物冻胶在安瓿瓶和多孔介质中的静态成胶行为,建立了多孔介质和安瓿瓶内静态成胶时间的定量关系,分析了冻胶的黏弹性。第3章介绍了聚合物冻胶在搅拌剪切和振荡剪切下的动态成胶行为,明确了临界成胶剪切速率的概念。第4章介绍了聚合物冻胶在多孔介质和微管模型中的动态成胶行为,分析了渗透率和注入速度对动态成胶行为的影响,建立了调剖堵水聚合物冻胶的优选机制。

本书可供石油化工领域相关技术人员和研究人员参考,也可供该领域师生阅读。

图书在版编目(CIP)数据

聚合物冻胶成胶行为研究/于海洋,纪文娟,张鹏著. —北京:冶金工业出版社,2020.10 (2021.10 重印)

ISBN 978-7-5024-8621-1

Ⅰ.①聚… Ⅱ.①于… ②纪… ③张… Ⅲ.①凝胶—胶体—凝结—研究 Ⅳ.①TQ430.6

中国版本图书馆 CIP 数据核字(2020)第 207582 号

出 版 人 苏长永
地　　址 北京市东城区嵩祝院北巷39号 邮编 100009 电话 (010)64027926
网　　址 www.cnmip.com.cn 电子信箱 yjcbs@cnmip.com.cn
责任编辑 卢 敏 美术编辑 郑小利 版式设计 禹 蕊
责任校对 卿文春 责任印制 禹 蕊
ISBN 978-7-5024-8621-1
冶金工业出版社出版发行;各地新华书店经销;北京建宏印刷有限公司印刷
2020年10月第1版,2021年10月第3次印刷
710mm×1000mm 1/16;7.25印张;142千字;110页
48.00元

冶金工业出版社 投稿电话 (010)64027932 投稿信箱 tougao@cnmip.com.cn
冶金工业出版社营销中心 电话 (010)64044283 传真 (010)64027893
冶金工业出版社天猫旗舰店 yjgycbs.tmall.com
(本书如有印装质量问题,本社营销中心负责退换)

前　言

聚合物冻胶广泛应用于油田开发，尤其在调剖堵水方面有着显著成效。为了更全面地认识聚合物冻胶在流动状态下的成胶过程，本书研究了机械剪切和多孔介质剪切下铬冻胶和酚醛树脂冻胶动态成胶过程，为改进和指导聚合物冻胶生产应用有着重要意义。具体如下：

（1）通过测定黏度及残余阻力系数随静置时间的变化，确定了在安瓿瓶内和多孔介质中聚合物冻胶静态成胶时间和冻胶强度，并讨论了温度、矿化度和pH值对成胶的影响，建立了多孔介质中和安瓿瓶内静态成胶时间的定量关系。黏弹性试验表明，静态成胶后酚醛树脂冻胶具有更高的黏弹性，抗剪切能力和剪切后恢复能力均得到提高。

（2）通过测定剪切条件下黏度随剪切时间的变化，分析了机械剪切（搅拌剪切和振荡剪切）下聚合物冻胶动态成胶过程，分析了聚合物和交联剂用量及剪切速率对动态成胶的影响；提出了临界成胶剪切速率的概念，确定了机械剪切下聚合物冻胶的临界成胶剪切速率，随着聚合物和交联剂用量增大，临界成胶剪切速率增大。铬冻胶临界成胶剪切速率小于酚醛树脂冻胶的。剪切在诱导阶段作用时对剪切后静置成胶黏度没有影响；在成胶阶段作用时，随着剪切时间和强度增大，剪切后静置成胶黏度降低。

（3）建立了多孔介质和微管循环流动装置，分别采用持续注入成胶方式和循环交替注入成胶方式，分析了铬冻胶和酚醛树脂冻胶的动态成胶过程；量化了聚合物冻胶在多孔介质中动态成胶时间与静态成胶时间的关系，多孔介质中动态成胶时铬冻胶不能发生运移，而酚醛树脂冻胶可发生运移，但受到聚合物和交联剂用量的限制。后续水驱实验表明，聚合物冻胶动态成胶后有较强的封堵能力，只有在成胶过程中发生了运移，后续水驱时才能产生深部封堵。

（4）SEM 扫描电镜实验表明，安瓿瓶内静态成胶后铬冻胶是由颗粒组成的树枝状体型结构，酚醛树脂冻胶则是由链条组成的网状结构。多孔介质中静态成胶后聚合物冻胶微观形貌与安瓿瓶内成胶相似，主要吸附在岩石表面或在较小孔隙处形成捕集。多孔介质中动态成胶后的产物为在孔隙处形成捕集的冻胶颗粒和流出的自由水。

（5）探讨了不同渗透率、注入速度下多孔介质中聚合物冻胶动态成胶过程，确定了聚合物冻胶动态成胶时间与静态成胶时间的定量关系；建立了冻胶黏度和渗透率、剪切速率的定量关系及不同渗透率下注入速度和剪切速率的关系，为不同渗透率下调剖选择注入速度提供理论依据。

本书得到了王业飞教授的悉心指导。王业飞教授严谨求实的治学态度、活跃的学术思想、勇于创新的求学精神和勤恳的工作作风给我留下了深刻的印象，使我受益匪浅，是我终生学习的榜样，谨向王业飞教授致以诚挚的谢意。同时感谢吕鹏、史胜龙、于维钊、齐自远等的帮助。

由于时间和能力所限，书中不妥之处敬请读者批评指正。

作　者

2020 年 3 月

目　录

1 绪　　论

聚合物冻胶作为一种重要的调剖剂，在国内外油田有着广泛的应用。聚合物冻胶有很多性能指标，但最重要的是成胶时间和成胶后冻胶强度。成胶时间分静态成胶时间和动态成胶时间。许多聚合物冻胶在地面可形成，成胶时间可调，冻胶强度可控的冻胶，注入地层后的成胶情况却不能准确描述。聚合物冻胶在注入地层之前经过各种剪切，包括管线、注入泵、炮眼的剪切等，这些机械剪切对成胶时间和冻胶强度有什么影响；聚合物冻胶待成胶液在地层中运移时受到岩心剪切，其结构遭到破坏，在运移的过程中是形成整体冻胶，还是形成分散的冻胶结构；其成胶时间和成胶后的强度与地面相比有着怎样的变化；动态成胶后能否对后续水驱有一定的封堵作用等，这些问题直接关系到聚合物冻胶调剖堵水的成功与否。因此，研究聚合物冻胶在多孔介质中的动态成胶行为对调剖堵水有着重要的意义。

1.1 调剖堵水现状

1.1.1 调剖堵水的发展

注水和注聚开发是国内油田普遍应用的开采方式[1]，油田注水开发后期，由于注入水或聚合物溶液沿高渗透部位窜流，长期冲刷，加之黏土膨胀、微粒运移和油井出砂，使油藏孔隙结构发生了较大的变化，储层物理特性也发生变化，油水井连通的厚油层部位逐渐形成了高渗透带或大孔道[2]。地层中存在着高渗透层或大孔道，从而使注入水和聚合物溶液沿高渗透层窜流，形成无效或是低效循环，严重影响了注水或注聚的开发效果。调剖堵水技术可改善注水和注聚开发效果，调整吸水剖面，有效地提高原油采收率[3]。国内油田调剖堵水工艺技术是油田开发十大工艺技术之一[4]，它的发展大致经历了探索阶段，分别以油井堵水和水井调剖为主的阶段及深部调堵的阶段[5]。近年来，油田堵水调剖技术出现了一些新动向，主要有：弱凝胶调驱技术[6]，稠油热采井高温调剖技术[7]，深井超深井堵水调剖技术，注聚合物油藏的调剖堵水技术，水平井堵水治水技术[8]，含油污泥深部调剖技术[9]，聚合物微球深部调剖技术[10]等。

国外油田调剖堵水也进行了较为深刻的研究，在机理研究、调剖剂和控水稳油等方面都取得了进展。许多学者对聚合物冻胶如铬冻胶[11]、酚醛树脂冻胶[12]

等的成胶机理，成胶影响因素，多孔介质中的性质及现场试验等进行了研究。近年来，又发展了 PEI 冻胶[13]，胶态分散凝胶[14]及无机类调驱剂如超细水泥[15]等调剖堵水剂。同时，如何将室内研究的整体冻胶运用于现场中，怎样设计实施方案及调驱的最佳时间等问题进行了研究[16]。

1.1.2　调剖堵水剂

目前应用的调剖堵水剂有冻胶型、分散体型、凝胶型、沉淀型和微生物型等。

冻胶型调剖堵水剂是一种最常用的调堵剂，由聚合物和交联剂组成，在一定条件下反应失去流动性而形成的体系。聚合物有合成的聚合物（部分水解聚丙烯酰胺[17]，疏水缔合聚合物[18]）、生物聚合物（黄原胶[19]）、天然改性聚合物（改性淀粉[20]）、木质素类[21]等均在油田上有着一定的应用。聚合物本身具有一定的增黏能力，尤其是疏水缔合聚合物具有缔合作用[22]，可耐温抗盐，用于调整吸水剖面。但是，它在近井地带的大量吸附增大了注入压差，可通过表面活性剂在近井地带的降压增注作用，减少聚合物在近井地带的吸附、滞留，降低注入压差，增大注入量，实现深部调剖的作用[23]。然而，聚合物的调剖能力受到自身增黏作用的限制。交联剂分无机交联剂和有机交联剂，无机交联剂是指高价重金属盐类[24]（铬、锆、铝等），有机交联剂有酚醛树脂预聚体类[25]、有机铬类、聚乙烯亚胺类[26]等。由于聚合物冻胶可以在多孔介质中形成三维网状结构，可通过物理堵塞、滞留捕集及在岩石表面的吸附等作用减小渗流通道，增大渗流阻力，提高波及系数[27]。聚合物冻胶可通过收缩/膨胀机理和油水分流机理实现对油水的选择性封堵[28]。

分散体型调剖堵水剂主要是通过颗粒的大小与岩心孔喉的匹配关系或者是堵剂中的亲水基团与水发生水合作用等封堵地层，增加渗流阻力，扩大波及系数。分散体型调剖剂主要包括水泥-黏土类，预交联膨胀类，泡沫类，乳状液类，冻胶分散体类等调剖剂[29~31]。冻胶分散体是聚合物冻胶待成胶液在成胶过程中受到蠕动泵或者是管流的特定剪切作用制备的，其粒径大小受到蠕动泵转速的控制，且与转速成一定的指数关系，见图 1-1。

由图 1-1 可知，随着蠕动泵转速的增大，冻胶分散体的粒径是减小的。由于自身的变形性，冻胶分散体具有良好的注入性能，且能够在地层深部产生一定的封堵作用[31]。其封堵能力受到地层渗透率和自身浓度的影响，见图 1-2。由图 1-2 可知，随着渗透率的增大和自身浓度的降低，冻胶分散体的封堵能力降低。

凝胶堵剂主要包括硅酸凝胶，铝酸凝胶和氢氧化铁凝胶堵剂。凝胶堵剂在油田中有较为广泛的应用[32]。沉淀型堵剂具有强度较高，稳定性较好，成本较低的优点，在国内外油田中有着普遍的应用，但是不能进行深部调剖[33]。微生物

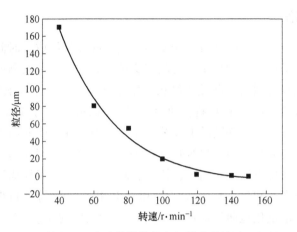

图 1-1 冻胶分散体粒径与转速的关系

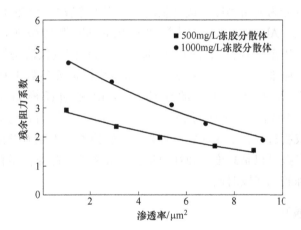

图 1-2 渗透率与冻胶分散体残余阻力系数的关系

型调剖堵水技术，是指向地层中注入微生物或激活地层本源微生物，利用微生物生长繁殖及代谢过程中产生的气体、生物聚合物和无机盐沉淀形成生物膜的作用，调整吸水剖面，提高波及系数，主要通过微生物的聚合物作用、微生物的矿化作用、气体的贾敏效应及微生物菌体本身的作用等方式进行调剖堵水[34]。

1.2 聚合物冻胶的表征

聚合物冻胶在油田中有着广泛的应用，其性能指标包括成胶时间、冻胶强度、老化稳定性，耐盐性能，注入性能，封堵性能等。但是，其最基本也是最重要的两个指标为成胶时间和冻胶强度。

1.2.1 成胶时间

聚合物冻胶的成胶时间可分为初始成胶时间和最终成胶时间,初始成胶时间是指聚合物分子和交联剂分子形成的聚集体开始增大,体系黏度开始明显上升的时刻;最终成胶时间为交联反应结束,整个体系到达稳定状态的时刻[35]。成胶时间的确定方法有:(1)目视强度代码法,Sydansk[24]于1988年研究了定性确定冻胶成胶的方法,将冻胶的形变分为十个等级,在密闭安瓿瓶中根据冻胶的形变来定性的确定成胶时间。目视强度代码法定义成胶时间为达到中等变形不流动冻胶的时间,这种方法操作简单,快捷,缺点是不能精确地描述成胶时间和定量地确定冻胶强度。同时,Z. Krilov[35]和B. R. Reddy[36]等对目视强度代码法进行了修正,可半定量化地研究冻胶的成胶时间和反应速率。(2)黏度法是指在成胶温度下用黏度计在一定的剪切速率下测定冻胶待成胶液的黏度随时间的变化,根据黏度的变化来判断冻胶的成胶时间。Mehdi Mokhtari[37]等用黏度法根据黏度的变化将黏度分为初始黏度和最终黏度,确定了冻胶待成胶液的初始成胶时间和最终成胶时间。Al-Muntasheri G.[38]和B. R. Reddy[36]等根据表观黏度随时间的变化确定不同体系聚合物冻胶的成胶时间。(3)流变仪法是指用流变仪测定冻胶待成胶液的储能模量[39]、相位角[40]和损耗模量等参数来判断冻胶的成胶时间。S Gao[41]等测定了冻胶的储能模量 G' 和损耗模量 G'',根据 Winter-Chambon[42]准则判断冻胶的成胶时间。(4)Basta M[43]等用电导率的方法确定聚合物冻胶的成胶过程,认为成胶过程是一个转换参数 P 由0开始到1反应结束的变化,这个参数可以是黏度,弹性模量,电导率等。此外,还有其他的一些方法研究聚合物冻胶的成胶时间。

1.2.2 冻胶强度

冻胶强度作为聚合物冻胶的一个重要指标,其评价的方法也不断地在发展,到目前为止主要评价方法有:(1)Sydansk于1988年研究了定性确定冻胶成胶的方法——目视强度代码法,定性地确定冻胶强度。此方法操作简单,方便,但是没有定量地确定冻胶强度;同时由于安瓿瓶的尺寸是特定的,如果尺寸发生变化,可能对结果产生一定的影响。(2)黏度法分为毛细管黏度计法[44]和黏度计或流变仪测定黏度法。毛细管黏度计法可比较精确地定量评价冻胶强度,由于毛细管自身的限制,只能测定相对较弱的冻胶强度,同时还需要测定非牛顿流体的幂律因子。同时,可以用黏度计或者流变仪在一定的条件下测定冻胶体系的黏度,用黏度来表征冻胶的强度。(3)压差表征法包括转变压差法[45]、突破压差法[46]和突破真空度法[47]。转变压差法是指强迫冻胶溶液经过5层100目(150μm)筛网,测定转变压差,此压差值与冻胶强度成正比。突破压差法是指测定冻胶在多孔介质中的封堵能力，用突破压差梯度来表征冻胶的强度，在相同条件下突破压差梯度越大，冻胶的强度越高。此方法使多孔介质中冻胶强度反映了聚合物交联程度以及冻胶在岩石孔壁上附着能力。多孔介质中冻胶强度的测试方法，需要建立标准的方法，从而使一种冻胶具有确定的突破压差。突破真空度法是指用连在真空泵上的特制的管线放入到冻胶溶液中，在真空泵的作用下产生负压差，用此负压差表征冻胶的强度。在测定冻胶强度以前，需要用蒸馏水来校正。(4) 交联聚合物冻胶是一种具有立体网状结构的黏弹体，黏弹模量法就是在不破坏冻胶结构的情况下通过流变仪来测定冻胶的复数模量值，进而表征其强度。振荡剪切实验测定冻胶体系的储能模量和损耗模量来表征冻胶强度[48]，储能模量体现黏弹性物体的弹性行为；损耗模量体现黏弹性物体的黏性行为。根据储能模量的大小可将冻胶划分为不同的强度级别，以供不同目的的堵水调剖作业选取。此外，还有落球法，核磁共振法等均可以表征冻胶的强度。

1.3 聚合物冻胶动态成胶研究现状

随着油田含水的日渐严重，调剖堵水是一项很重要的提高原油采收率的手段。聚合物冻胶是最常用、最重要的调剖堵水剂，广泛应用于油田中，并取得了较为显著的成果[49, 50]。但是，在调剖堵水技术应用过程中还存在着一些问题，如注入地层深部以后的聚合物冻胶比在室内静态成胶时间延长 20d 后也不会出现明显的堵塞[51]；在聚合物冻胶待成胶液注入过程中受到各种剪切后会不会成胶，成胶后强度有多高；在多孔介质中聚合物冻胶待成胶液受到岩心的剪切是否会成胶，成胶后是否在地层中运移。这些问题都与聚合物冻胶的动态成胶有关，且直接关系到调剖堵水的成功与否。

1.3.1 机械剪切下动态成胶

聚合物冻胶在注入地层以前受到各种剪切，交联聚合物溶液要在泵内循环混合十几分钟，其平均剪切速率为 $1000s^{-1}$，然后用长的小直径管或者相同长度的油管以 $10m^3/h$ 的注入速度将交联聚合物溶液注入井中，通过计算得到交联聚合物溶液在井筒内受到 $100\sim500s^{-1}$ 的剪切作用 $20\sim40min$[52]。在完全静止的条件下，聚合物冻胶待成胶液在分子键作用下形成聚集体，不存在剪切的静止条件下聚集体的尺寸随着反应时间的增加在不断地增大，逐渐形成致密的三维网状结构，最终形成整体冻胶。但是，当存在剪切作用时，交联聚合物形成的聚集体的尺寸随时间的延长，在增大到其内聚力被剪切力克服时，聚集体颗粒被剪切破坏，使交联聚合物待成胶液不能交联形成更大的网状结构，因此得到的是分散的冻胶颗粒，而不是整体冻胶。事实上，剪切抑制了冻胶的成胶过程，延缓了冻胶黏度的增加，随着剪切速率的增大，冻胶的视黏度降低。当剪切速率较低时

（$\leq 1s^{-1}$），剪切对成胶的影响还不确定，冻胶体系的黏度往往是增大到一定值后随着剪切作用的增大而降低，说明冻胶体系的结构是在形成之后被破坏的。在低的振荡频率下（$\leq 1Hz$），受到剪切作用后的冻胶体系随着静置恢复时间的延长，储能模量有一定程度的增加，这可能是由于交联聚合物形成聚集体的黏弹性造成的[53, 54]。国内外许多学者通过不同的剪切方式模拟聚合物冻胶在注入过程中受到的剪切，研究剪切对成胶的影响。

朱怀江[51]等采用恒温的旋转振荡水浴来实现室内模拟上述流速，提出了溶胶不成胶临界流动时间和流动速度，随着流动时间的延长，存在停止流动也不能形成冻胶的临界流动时间。结果表明，高速流动过程中的剪切和拉伸力干扰了交联聚合物中桥连基团的运移、取向和定位，冻胶的网状或者体型结构被破坏，导致交联体系黏度和弹性模量降低或是完全解交联，造成交联速度慢或者不成胶。张群志[55]等研究了不同剪切方式对交联聚合物成胶的影响，考察了 waring Blender、筛网（TGU 转变压测定装置）、人造岩心及 IKA 搅拌器等对交联聚合物冻胶成胶的影响，结果表明，经过 waring blender 剪切后的冻胶体系黏度大幅度降低，应防止交联聚合物溶液在经过炮眼前形成冻胶；冻胶体系在经过 IKA 搅拌器下边成胶边剪切的过程中，微冻胶尺寸随着时间的延长到其内聚力被剪切力克服时，冻胶颗粒被剪切破坏只能形成分散的冻胶颗粒组成的微冻胶体系，而不是整体冻胶。

用流变仪研究了聚合物/铬离子体系在稳定剪切下的交联反应过程[56,57]，结果表明，在稳定剪切条件下铬冻胶的成胶过程经历四个阶段：（1）诱导阶段，羟基与铬离子反应形成微冻胶颗粒，并未形成较大的网状结构；（2）成冻阶段，微冻胶颗粒之间进一步交联形成三维网状结构，体系黏度大幅度增加；（3）粒径限制阶段，形成的三维网状结构在剪切的作用下破坏，形成小的冻胶颗粒，在交联和剪切的双重作用下，体系黏度无序变化；（4）稳定阶段，在剪切作用下小的冻胶颗粒逐渐形成，冻胶内部交联加强，可能导致体系黏度进一步降低。静态条件下成胶过程分为三个阶段：诱导阶段，反应加速阶段和反应稳定阶段，且在整个过程中黏度是一直增大的。二者相比，剪切条件下成胶与静态成胶还是存在着较大的差异[58, 59]。D. M. Dolan[39]等在零剪切速率和稳定剪切条件下用小振幅振荡的方法确定了冻胶的成胶时间和冻胶强度，结果表明在剪切时间超过静态成胶时间时，交联聚合物冻胶不成胶。Kolnes[19]等研究了剪切和温度对黄原胶/铬冻胶的成胶影响，结果表明经过长时间稳定剪切后，当剪切速率降低到一定值时，冻胶体系的黏度会得到一定程度的恢复，说明剪切破坏了聚合物和交联剂的交联结构，而不是破坏了聚合物自身结构。

Ravlk. Bhasker[60]等研究了稳定剪切、振荡剪切和固定模式下剪切对氧化还原体系（亚硫酸钠和硫脲）成胶过程的影响。结果表明，随着剪切速率的增加，成胶速率降低，成胶后冻胶强度降低，这与增加剪切速率能够提高成胶速率的结论相反；同时，增加剪切速率能够提高成胶速率是由于反应过程分为两个步骤：首先，将六价铬还原成三价铬，其次是三价铬交联聚合物分子，这个过程因剪切速率增加而变快。剪切对成胶过程的影响至少通过两种途径来实现：（1）剪切速率导致聚合物分子的流动性增大，加速了交联反应的进行；（2）在成胶过程中，剪切速率的增加破坏了冻胶的结构，降低冻胶强度。井筒附近的高速率剪切模式延缓了成胶的时间，降低了在地层中形成冻胶的最终强度。Kolnes J[61]等研究了高剪切速率和井筒附近地层中高剪切条件下的交联聚合物冻胶的成胶过程，结果表明在多孔介质中某个位置处在一定的速率下可形成较高的流动阻力。Carvalho W[62]等研究了剪切过程中交联聚合物的交联反应过程，结果表明在剪切条件下的交联反应过程中，剪切可以促进交联反应的进行也可以延缓交联反应的进行，存在一临界剪切速率在这两个作用之间转换。

机械剪切条件下动态成胶表明，在一定的剪切速率和剪切方式下，交联聚合物冻胶可以成胶，但是成胶时间和成胶后的冻胶状态及强度有着很大的差别。不同的剪切方式下，最终形成的冻胶状态存在着较大的差异，有的可能形成整体的冻胶，有的形成分散的冻胶颗粒。目前较为肯定的问题是铬冻胶体系在剪切条件下的成胶过程可分为四个阶段：诱导阶段、成胶阶段、粒径限制阶段和稳定阶段，说明铬冻胶体系在剪切下成胶后形成分散的冻胶颗粒。但是，对于酚醛树脂冻胶在剪切条件下的成胶过程未进行较为全面的研究，剪切下酚醛树脂冻胶成胶后的状态还不明确。剪切速率的大小对动态成胶时间也存在着较大的影响，有的学者认为剪切速率的增大可促进交联反应的进行，缩短动态成胶时间；也有的学者认为增大剪切速率延缓了交联反应的进行，延长了动态成胶时间。同时，目前对于一些机械剪切下动态成胶的问题还不明确，如：（1）在不同剪切方式下，临界剪切速率的确定，临界剪切速率指在大于此剪切速率后交联聚合物冻胶在剪切条件下不成胶；（2）静态成胶时间与机械剪切条件下冻胶动态成胶时间的关系；（3）剪切在聚合物冻胶各个成胶阶段对剪切后静置成胶冻胶黏度的影响等。

1.3.2 多孔介质中动态成胶

交联聚合物溶液在注入地层以前受到各种剪切，在注入地层后孔隙喉道也存在剪切作用，有的学者认为如果用毛细管束模型近似代替近井地带，估计在井底砂岩表面上的剪切速率可达到 $4000s^{-1}$，随着注入距离的增加，剪切速率降低，且降低速率较大。在距井底 2m 的砂岩表面剪切速率只有 $200s^{-1}$，随着距离的增加，剪切速率会进一步降低。当交联聚合物溶液注入地层中后，待成胶液在经过几个小时的剪切后将会处于静止状态（如果关井一段时间），然后再恢复油井生产。到目前为止，冻胶待成胶液在受到剧烈剪切以后是否会影响成胶时间、最终的冻胶强度以及这些参数是否可以由样品的静态成胶时间得到，多孔介质中冻胶受到剪切后的强度与静态成胶相比有多少等问题还没有解决。近来有许多学者通过室内填砂管物理模拟的方法来研究冻胶的动态成胶行为。

曹功泽等用 30m 超长填砂管研究了改性淀粉-丙烯酰胺接枝共聚调堵剂在多孔介质中的动态成胶行为[20]。调堵剂在静置条件下 5h 开始成胶，15h 完全成胶。而在多孔介质运移过程中初始成胶时间为 5h，完全成胶时间为 20h，说明在动态过程中初始成胶时间与静态初始成胶时间基本相同，但是完全成胶时间比静止条件下长。同时根据压差指数将动态运移成胶过程分为三个阶段：成胶前吸附、稀释阶段，交联反应孕育、发展阶段和冻胶成熟且稳定阶段。张丽庆等用不锈钢筛网层循环流动装置研究了低浓度铬冻胶的动态成胶过程[63]。低浓度微冻胶体系能够在流动过程中成胶，成胶过程分为三个阶段：预交联期、流动成胶期和稳定期。实验结果分析说明，微冻胶在流经 5 层 100 目（150μm）不锈钢筛网时，受到网孔的剪切和拉伸，微冻胶聚集体受到剪切破坏形成较小的胶粒，这些胶粒在后续液体的推动下表现出边流动、边封堵、边剪切拉伸、边聚集和边剪切的过程。吕晓华、皇海权等用 150cm 和 300cm 长填砂管岩心研究了低浓度铬交联微冻胶体系在多孔介质中的动态成胶特征和流动行为，结果表明低浓度微冻胶溶液能进入填砂管岩心深部，在长岩心中流动过程中形成具有一定强度的微冻胶体系，且成胶后，微冻胶体系可逐渐运移到填砂管岩心的中、后部位，具有良好的流动性和传播性[64,65]。

罗宪波等研究了交联聚合物溶液在填砂管岩心中的成胶时间及其在填砂管岩心中的运移，结果表明在瓶内静止条件下成胶时间为 3~4d 的交联聚合物溶液，在多孔介质运移过程中的成胶时间为 9~11d，远远大于其在静止条件下的成胶时间[66]。这是由于交联聚合物溶液在多孔介质中流动时存在着收缩-发散的流道，聚合物冻胶在经过这些流道时既有剪切流动又有拉伸流动，使得其在孔喉中滞留吸附，从而使得聚合物和交联剂的浓度降低，延长了聚合物冻胶的成胶时间。李先杰等研究了多孔介质的性质对弱冻胶动态成胶的研究[67,68]，实验结果表明多孔介质的剪切作用延长动态成胶时间，而在介质中的吸附作用则明显地缩短了动态成胶时间。玻璃珠为规则球体，磨圆度较高，表面粗糙度较低，剪切破碎作用较弱，因此在玻璃模型中弱冻胶分布较为均匀，封堵能力较强，可向深部运移并再次封堵孔隙，具有较强的深部调驱作用。而石英砂呈不规则片状，磨圆度较差，形成的孔喉形状、大小有很大的差异，有很强的剪切作用和机械破坏作用。在石英模型中，动态成胶后弱冻胶主要集中在近入口端，有效封堵距离较短，在进入口端就消耗了大部分的后续水驱能量，深部调驱作用较弱。由于露头砂中含有部分黏土矿物，受到黏土的吸附及其与聚合物的絮凝作用，导致动态条件下形成的弱冻胶强度较低，在后续水驱作用下很难向深部运移，深部调驱的能力较小。

在多孔介质中剪切条件下成胶时间是静态成胶时间的 2.5 或 3 倍；在多孔介质中不会形成整体冻胶，除非在冻胶聚集体因吸附或者过滤而大量滞留的区域。Stan Mccool 等利用 1036 英尺（316m）长的不锈钢导管（内径 0.0566 英寸（1.4mm））模拟裂缝地层研究了醋酸铬弱冻胶在多孔介质流动过程中的成胶行为[69]。交联聚合物待成胶液在不锈钢导管中可以形成冻胶，并且通过阻力系数来表征运移过程中聚合物冻胶的成胶时间，在第一个测压点压差上升时交联聚合物开始成胶，待完成成胶过程后，阻力系数到达稳定，不再发生变化。同时表明，预交联冻胶在不锈钢导管中运移时，冻胶结构受到的破坏要比交联聚合物待成胶液在不锈钢导管中遭受的破坏严重。因此，在进行调剖堵水实验时，应注意冻胶的成胶时间，保证冻胶在进入多孔介质以前不交联。Seright 等利用 100 英尺 30m 长细铁管内径 0.03 英寸（0.8mm）模拟冻胶在裂缝中的流动实验[70]，结果表明残余阻力系数在 20 英尺（6m）的位置到达最高点并开始降低，在细铁管的中后端 60~100 英尺（18~30m）时保持不变。他们认为冻胶在流动过程中经历了明显的剪切降解作用，导致残余阻力系数降低；同时指出，这种模型的缺陷在于不能模拟出冻胶在裂缝中流动时的漏失。

聚合物冻胶待成胶液在多孔介质中流动成胶过程的研究现状表明，聚合物冻胶在多孔介质中可以成胶，成胶时间比静态成胶时间长，且成胶过程分为三个阶段：成胶前诱导阶段，交联反应孕育、发展阶段和冻胶成熟且稳定阶段。多孔介质中动态成胶后能形成一定封堵能力的冻胶，且部分冻胶可以在多孔介质中运移再次产生封堵。但是，还存在着很多值得关注的问题，如：（1）静态成胶时间与动态成胶时间的关系，有的研究表明初始成胶时间一样，最终成胶时间有差别；有的认为动态成胶时间比静态成胶时间长很多，到目前为止还没有一个明确的定论，能否建立一种静态成胶时间和多孔介质中动态成胶时间之间的关系。（2）多孔介质中动态成胶后交联聚合物冻胶的结构形态是分散的冻胶颗粒，还是能够连接在一起的冻胶需要进一步的研究。（3）岩心渗透率、注入参数的变化对聚合物冻胶在多孔介质中的动态成胶的影响，参数的改变是否对动态成胶时间和成胶后的冻胶强度有影响，需要明确等。这些问题直接影响着聚合物冻胶在油田调剖堵水中的应用，因此研究聚合物冻胶在多孔介质中的动态成胶过程是很有意义的，也是非常有必要的。

1.3.3 聚合物冻胶反应动力学

目前常用的交联聚合物冻胶是铬冻胶体系和酚醛树脂交联体系，这也是研究最多的两个体系。在体系静止的条件下，铬冻胶体系是通过铬离子水合形成多核羟桥络离子进而交联聚合物分子上的羧基形成三维网状物理结构，形成冻胶。酚醛树脂交联体系是酚醛树脂上的羟甲基交联聚合物分子上的羧基形成三维网状物理结构形成冻胶。在油田应用时，交联反应过程是一个动态的过程，与静态成胶有较大的区别。目前，研究交联反应动力学的方法有瓶视法、黏度法[71]、紫外-可见吸光光度法[72]、流变学法[73]、核磁共振法[74]、平衡渗析法[75]等，这些方法是在不干扰交联反应的条件下进行的。黏度的变化是交联反应过程最直接的特征表现。王广新[71]，黎钢[58]等研究了冻胶在交联反应过程中黏度的变化，认为交联过程经历了诱导期、加速期和稳定期三个阶段，并得到反应速率方程。紫外-可见吸光光度法是在特定的波长下冻胶体系的吸光度随交联时间的变化率来表征的。C. Allain[72]，Klaveness[76]等用紫外-可见吸光光度法研究了铬冻胶的交联反应过程，认为交联反应是一个双阶段的过程，即分为快速反应阶段和慢速反应阶段。向冻胶溶液中施加一小振幅的应力，运用流变学手段测量此应力产生的应变可以监测冻胶形成的动力学过程[77, 78]。Madeleine Djabourov[79]等直接测定了储能模量和损耗模量，认为在两者相等的时刻为成胶时间；Jain R[80]等利用流变仪法测定了醋酸铬交联体系的反应机理，得到反应速率方程。J. Herbas[81]等研究了酚醛树脂冻胶的反应动力学，认为交联反应速率与聚合物质量浓度的3/2次方及酚醛树脂质量浓度的3次方成正比。磁场核磁共振法测定磁场中信号强度和特征松弛时间两个性质，通过研究体积松弛速率与反应速率之间的关系来判断聚合物冻胶成胶情况，确定冻胶的反应动力学[82, 83]。此外，还可用ATM研究冻胶的分形结构[84]、激光光散射研究冻胶的动力学过程[85]、原子吸收法研究冻胶的脱水行为[86]。从冻胶交联本质出发，建立动力学模型，用超滤法得到反应过程中聚合物和交联剂浓度[87]等方法来确定聚合物冻胶的反应动力学。

1.4 聚合物冻胶成胶行为研究目的及主要内容

1.4.1 目的

调剖堵水是一项很重要的降低含水、提高原油采收率的手段，聚合物冻胶是最常用、最重要的调剖堵水剂，广泛应用于油田中，并取得了较为显著的成果。本文研究目的是：通过分析聚合物冻胶动态成胶过程，建立动态成胶时间与静态成胶时间的定量关系，分析剪切速率对聚合物冻胶动态成胶的影响，解决调剖作用中存在的问题，为更好地利用聚合物冻胶提供理论依据。

1.4.2 主要内容

（1）通过测定黏度及残余阻力系数随时间的变化，确定两类典型聚合物冻胶在安瓿瓶内和多孔介质中静态成胶时间和冻胶强度，并建立二者成胶时间的定量关系；分析安瓿瓶内静态成胶影响因素，并用流变仪测定聚合物冻胶的黏弹性。同时用扫描电镜分析安瓿瓶内和多孔介质中静态成胶后冻胶的微观形貌，对比研究酚醛树脂冻胶和铬冻胶静态成胶的差异。

（2）考察两种机械剪切（搅拌剪切和振荡剪切）下聚合物冻胶动态成胶的影响，确定机械剪切条件下聚合物冻胶动态成胶的临界成胶剪切速率，并分析影响因素。通过剪切后静置成胶实验，分析剪切对聚合物冻胶各成胶阶段的影响。

（3）建立流动循环装置，通过测定压差随时间的变化，分析聚合物冻胶在多孔介质中的动态成胶过程，并用扫描电镜分析动态成胶后冻胶的微观形貌，建立动态成胶时间与静态成胶时间的定量关系。考察聚合物和交联剂质量百分数、渗透率和注入速度对多孔介质中动态成胶的影响，并通过动态成胶后冻胶的黏度与剪切速率的关系，建立动态成胶后冻胶强度与渗透率、注入速度的关系，并对渗透率和注入速度进行优化，确定适合聚合物冻胶动态成胶的渗透率和注入速度。

（4）建立微管模型，通过测定压差随时间的变化，确定微管中聚合物冻胶的动态成胶过程，探讨注入速度对动态成胶的影响，测定动态成胶后冻胶的残余阻力系数和黏度，建立冻胶黏度与剪切速率的关系，对比研究多孔介质中和微管模型中的动态成胶过程，并验证多孔介质中动态成胶结论。

2 聚合物冻胶静态成胶研究

目前，在国内外油田最常用的聚合物冻胶调剖剂是适用于中低温地层由无机金属离子交联聚合物而成的铬冻胶和适用于中高温地层由酚醛树脂交联聚合物而成的酚醛树脂冻胶。根据冻胶成胶的一般规律，成胶时间越短，冻胶强度越高，其变形的能力就越差，在多孔介质中的运移能力有所降低。为了研究聚合物冻胶在不同介质中静态和动态成胶规律，本章选择最典型的两种聚合物冻胶进行研究，一是成胶时间短，冻胶强度高的无机铬交联体系，此体系是氧化还原体系，由重铬酸钠和亚硫酸钠组成，二者的质量比为 1∶2，简称 Cr(Ⅲ)；二是成胶时间较长，冻胶强度相对较低的酚醛树脂交联体系，此体系是由苯酚和甲醛在碱性条件下缩聚而形成的预聚体，简称 PFR。聚合物选用的是普通部分水解聚丙烯酰胺 HPAM。为了得到聚合物冻胶静态成胶时间和动态成胶时间的关系，以及成胶后冻胶强度之间的区别，本章首先针对聚合物冻胶在静止条件下的成胶规律展开研究。

2.1 实验材料及仪器

试剂包括普通部分水解聚丙烯酰胺 HPAM（分子量 $1.2×10^7$，水解度 22%，固体含量 90%）、交联剂 Cr（Ⅲ）、交联剂酚醛树脂预聚体 PFR、氯化钠（分析纯）、氯化钙（分析纯）、六水合氯化镁（分析纯）。

仪器主要包括 Physica MCR301 流变仪、S-4800 冷场发射扫描电镜、Brookfield DV-Ⅱ黏度计、RW 20 digital 顶置式机械搅拌器、IKA KS4000icontrol 空气浴振荡器、DY-Ⅲ型多功能物理模拟装置。填砂管填充材料为玻璃微球，尺寸为 $\phi2.5cm×10cm$ 和 $\phi2.5cm×100cm$，其中 100cm 填砂管上距注入端 30cm 和 70cm 处有测压点；微管模型由 5 根尺寸为 $\phi0.05cm×3650cm$ 的不锈钢毛细管组成，距注入端 10m 和 20m 处有测压点。

实验温度为 75℃；地层模拟水总矿化度为 19334mg/L，其中钠离子和钾离子为 6921mg/L、钙离子 412mg/L、镁离子 148mg/L，阴离子为氯离子。

2.2 整体冻胶静态成胶

本章选用的无机铬交联体系的成胶过程分为三个步骤：首先六价的铬离子被还原成三价的铬离子，然后三价铬离子水解聚合形成多核羟桥络离子，与此同时聚合物分子上的—COOH 水解形成—COO⁻和 H⁺，最后聚合物上的羧基和多核羟桥络离子反应形成体型的聚合物。由于在静止条件下不受外力的影响，交联聚合物发育为三维网状结构。酚醛树脂预聚体交联体系成胶过程是聚合物分子上的酰胺基被酚醛树脂分子上的羟甲基交联形成体型聚合物，继而发育为空间网状结构。

2.2.1　静态成胶时间和冻胶强度的确定

常用的确定冻胶成胶时间的方法有目视强度代码法和黏度法[36, 88]。本章采用黏度法测定不同放置时间下冻胶体系黏度随时间的变化关系。实验方法：将配制好的聚合物母液用模拟水稀释为不同质量分数的溶液，然后加入不同质量分数的交联剂，混合均匀后密封，静置于 75℃恒温水浴中，用 DV-Ⅱ黏度计测定不同放置时间下交联体系的黏度，结果见图 2-1 和图 2-2。

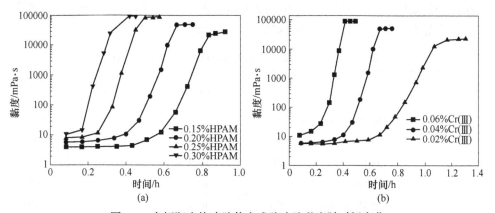

图 2-1　安瓿瓶内铬冻胶静态成胶冻胶黏度随时间变化

（a）0.04%（质量分数，Cr（Ⅲ））；（b）0.2%（质量分数（HPAM））

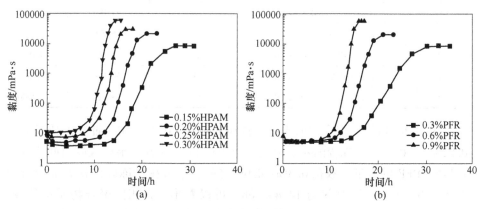

图 2-2　安瓿瓶内酚醛树脂冻胶静态成胶冻胶黏度随时间变化

（a）0.6%PFR+不同浓度 HPAM；（b）0.2%HPAM+不同浓度 PFR

由图 2-1 和图 2-2 可知，在冻胶未成胶前，黏度随时间增加未发生明显变化，在成胶过程中黏度随时间增加迅速增大，然后趋于稳定，反应结束[89]。聚合物冻胶成胶过程经历了诱导阶段，成胶阶段和稳定阶段。随着聚合物和交联剂质量分数的增大，铬冻胶体系中的多核羟桥络离子和羧基数量增加，酚醛树脂冻胶体系中的酰胺基和羟甲基数量增加，反应速率增大，形成的空间网络结构更加致密，成胶时间缩短，冻胶强度增大[90]。对比图 2-1 和图 2-2 可知，在相同聚合物质量百分数下，酚醛树脂冻胶的成胶时间远远长于铬冻胶的成胶时间，而铬冻胶成胶后冻胶的强度比酚醛树脂冻胶的强度高。根据 Mehdi Mokhtari 等人的研究结果，将成胶时间分为初始成胶时间（IGT）和最终成胶时间（FGT），初始成胶时间是指交联反应开始时，体系黏度开始明显上升的时刻，这是诱导阶段和成胶阶段的分界点；最终成胶时间为交联反应结束时，体系黏度到达稳定的时刻是成胶阶段和稳定阶段的分界点[37]。由图 2-1 和图 2-2 中可以得出，不同配方冻胶在安瓿瓶内静态成胶的初始成胶时间和最终成胶时间，见表 2-1。

表 2-1　安瓿瓶内聚合物冻胶静态成胶时间和冻胶的黏度

序号	冻胶配方	IGT/h	FGT/h	冻胶黏度 /mPa·s
1	0.15%HPAM+0.04%Cr（Ⅲ）	0.42	0.83	22200
2	0.2%HPAM+0.04%Cr（Ⅲ）	0.33	0.67	48000
3	0.25%HPAM+0.04%Cr（Ⅲ）	0.25	0.50	87000
4	0.3%HPAM+0.04%Cr（Ⅲ）	0.17	0.42	96000
5	0.2%HPAM+0.02%Cr（Ⅲ）	0.67	1.17	21000
6	0.2%HPAM+0.06%Cr（Ⅲ）	0.17	0.42	89000
7	0.15%HPAM+0.6%PFR	14.00	27.00	8922
8	0.2%HPAM+0.6%PFR	12.00	21.00	22386
9	0.25%HPAM+0.6%PFR	9.00	16.50	32000
10	0.3%HPAM+0.6%PFR	7.00	14.40	61800
11	0.2%HPAM+0.3%PFR	14.30	30.00	8830
12	0.2%HPAM+0.9%PFR	9.50	18.00	62000

由表 2-1 可知，聚合物的质量分数在 0.15%~0.3%，Cr(Ⅲ) 的质量分数在 0.02%~0.06%，铬冻胶的初始成胶时间为 0.17~0.67h，最终成胶时间为 0.42~1.17h；PFR 的质量分数在 0.3%~0.9% 之间，酚醛树脂冻胶的初始成胶时间为 7~14.3h，最终成胶时间为 14.4~30h。可以看出，在相同聚合物质量分数下，铬冻胶的成胶时间远远小于酚醛树脂冻胶的成胶时间。初始成胶时间可看作聚合物冻胶体系开始交联形成网状结构的平均时间，初始交联时间越长则体系的交联

反应越慢。成胶阶段的时间可认为是聚合物冻胶结构单元相互交联形成具有网状结构整体冻胶的平均时间，成胶阶段经历的时间为最终成胶时间与初始成胶时间的差值，时间越长，冻胶交联反应速率越慢。由表 2-1 可知，铬冻胶的交联速率远远大于酚醛树脂冻胶的交联速率。

2.2.2　静态成胶影响因素分析

影响铬冻胶和酚醛树脂冻胶成胶因素较多，分别选择一个成胶时间合适的配方，配方为 0.2%HPAM+0.04%Cr(Ⅲ) 和 0.2%HPAM+0.6%PFR，考察温度矿化度和 pH 值对安瓿瓶内静态成胶时间和冻胶强度的影响。

2.2.2.1　温度

将铬冻胶和酚醛树脂冻胶待成胶体系放入不同温度的恒温水浴中（45 ~ 85℃，间隔 10℃），采用黏度法测定不同放置时间下冻胶体系黏度随时间的变化关系确定成胶时间和冻胶黏度，见表 2-2。

表 2-2　不同温度下聚合物冻胶的成胶时间和冻胶黏度

温度/℃	铬冻胶		酚醛树脂冻胶	
	FGT/h	冻胶黏度/mPa·s	FGT/h	冻胶黏度/mPa·s
45	3.00	44000	87.50	20540
55	2.00	46500	54.00	21689
65	1.17	47700	32.00	22252
75	0.75	48000	21.00	22386
85	0.42	50000	12.50	22533

由表 2-2 可知，随着温度的升高，聚合物冻胶体系（铬冻胶和酚醛树脂冻胶）的成胶时间缩短，冻胶强度增大。温度由 45℃升高到 85℃时，加速了聚合物分子的羧基和多核羟桥络离子的交联反应及聚合物分子上的酰胺基与酚醛树脂分子上羟甲基的交联反应，缩短了成胶时间。因此，铬冻胶的成胶时间由 3h 缩短到 0.42h，酚醛树脂冻胶的成胶时间由 87.5h 缩短到 12.5h。由表 2-2 可以看出，随着温度的升高，聚合物冻胶体系的强度增大。

取绝对温度的倒数（$1/T$）作为横坐标，取对应的铬冻胶和酚醛树脂冻胶体系的成胶时间的对数（$\ln t_{成胶}$）作为纵坐标绘制成图，见图 2-3。

由图 2-3 可知，聚合物冻胶体系成胶时间的对数与绝对温度的倒数呈线性关系，且成胶时间的缩短符合温度对反应速率影响的规律，即阿伦尼乌斯公式。

$$\ln t_{成胶} = A + E_{a}/RT \tag{2-1}$$

式中　$t_{成胶}$——成胶时间，h;

E_a——活化能，kJ/mol；

R——通用气体常数，MPa/(kmol·K)；

T——绝对温度，K；

A——常数[91]。

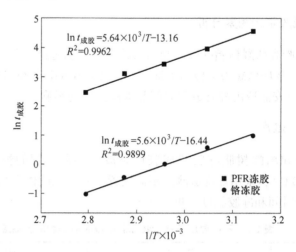

$$\ln t_{成胶} = 5.64 \times 10^3 / T - 13.16$$
$$R^2 = 0.9962$$

$$\ln t_{成胶} = 5.6 \times 10^3 / T - 16.44$$
$$R^2 = 0.9899$$

图 2-3　$\ln t_{成胶}$ 与 $1/T$ 的关系

由图 2-3 可知，铬冻胶的 E_a 值为 46.56kJ/mol，酚醛树脂冻胶的 E_a 值为 46.89kJ/mol。

2.2.2.2　矿化度

用蒸馏水配制聚合物母液，保持模拟水中各离子组成的比例不变，将聚合物溶液的矿化度调整到初始矿化度的（19334mg/L）1/3、2/3 和 4/3，配制聚合物冻胶待成胶体系，考察矿化度对安瓿瓶内静态成胶的影响，结果见表 2-3。

表 2-3　不同矿化度下聚合物冻胶的成胶时间和冻胶黏度

矿化度/mg·L⁻¹	铬冻胶		酚醛树脂冻胶	
	FGT/h	冻胶黏度/mPa·s	FGT/h	冻胶黏度/mPa·s
0	1.17	51000	33.00	27409
6445	1.00	49500	26.00	25500
12889	0.92	48500	24.00	24296
19334	0.75	48000	20.00	22386
25779	0.67	46500	18.00	17898

由表 2-3 可知，随着矿化度的增大，铬冻胶和酚醛树脂冻胶的成胶时间缩

短，冻胶强度降低。无机盐电解质的加入压缩了聚合物分子的双电层，使得水化膜变薄，电动电位降低，带电基团之间的排斥力减小。在适当的阳离子浓度范围内，聚合物分子可以靠得更近，易于发生分子间交联反应，体系的成胶时间缩短。矿化度对冻胶强度有明显的影响，无机盐电解质的存在使聚合物分子链卷曲，限制了分子间交联点的形成，因此使交联后的网状结构减弱，冻胶强度降低[92]。

2.2.2.3 pH 值

用质量百分数为 0.1%的盐酸和氢氧化钠溶液来调节聚合物冻胶待成胶体系的 pH 值，将不同 pH 值的冻胶待成胶液体系放入 75℃恒温水浴中，测定不同放置时间下冻胶体系的黏度随时间的变化，见表 2-4 和图 2-4。

表 2-4 不同 pH 值下铬冻胶的成胶时间和冻胶黏度

pH 值	FGT/h	冻胶黏度/mPa·s
10.58	不成胶	
10.29	不成胶	
9.32	0.67	35000
8.15	0.67	51000
7.15	0.75	48000
5.89	1.08	29000
4.83	不成胶	
2.66	不成胶	

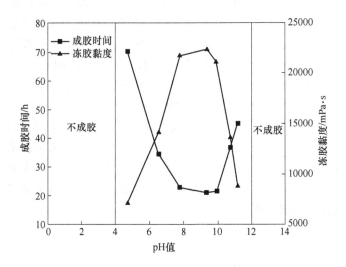

图 2-4 酚醛树脂冻胶成胶时间和冻胶黏度随 pH 值变化

由表 2-4 可知，当铬冻胶体系的 pH 值较小或者较大时，铬冻胶体系不能成胶。在成胶范围内，随着 pH 值的增大，铬冻胶成胶时间缩短，冻胶强度在 pH 值 7~8 之间最大。在成胶范围内，pH 值增大，有利于多核羟桥络离子的形成，也有利于铬冻胶的形成，而且碱性条件下有利于聚合物分子的水解，使分子上荷电基团增多。荷电基团的增多使聚合物分子链舒展，有利于交联的进行，同时交联点的增大使得冻胶强度增大。

由图 2-4 可知，当 pH 值大于 12 或者小于 4 时，酚醛树脂冻胶待成胶液不能成胶。当 pH 值在 4~12 时，随着 pH 值的增大，酚醛树脂冻胶的成胶时间先缩短后增加，而冻胶强度先增大后减小。当 pH 值在 9~10 之间时成胶时间最短，冻胶强度最大。酚醛树脂交联剂是由苯酚和甲醛在碱性条件下预缩聚产生的，冻胶体系在未调节以前的 pH 值为 9.37。加入盐酸后冻胶体系 pH 值降低，酚醛树脂自身发生缩聚，交联点减少，反应速度降低。加入氢氧化钠后体系 pH 值增大，聚合物分子上的酰胺基团水解，降低了交联点的数量，反应速度降低。当 pH 值进一步增大或者减小时因为交联点数量的减少，体系不能形成冻胶[93]。

2.2.3　静态成胶后冻胶体系的微观形貌

2.2.3.1　扫描电子显微镜的工作原理

扫描电镜是用聚焦电子束在试样表面逐点扫描成像的原理制成的。试样为块状或粉末颗粒，成像信号可以是二次电子、背散射电子或吸收电子，其中二次电子是最主要的成像信号。由电子枪发射的能量为 5~35keV 的电子，以其交叉斑作为电子源，经二级聚光镜及物镜的缩小形成具有一定能量、一定束流强度和束斑直径的微细电子束，在扫描线圈驱动下，在试样表面按一定时间、空间顺序作栅网式扫描。聚焦电子束与试样相互作用，产生二次电子发射（以及其他物理信号），二次电子发射量随试样表面形貌而变化。二次电子信号被探测器收集转换成电讯号，经视频放大后输入到显像管栅极，调制与入射电子束同步扫描的显像管亮度，得到反映试样表面形貌的二次电子像。其结构主要包括：电子光学系统、扫描系统、信号探测放大系统、图像显示和记录系统、真空系统和电源系统。扫描电镜的主要指标包括放大倍数、分辨率和扫描电镜的场深。影响分辨率的主要因素有入射电子束斑的大小和成像信号。扫描电镜的场深是指电子束在试样上扫描时，可获得清晰图像的深度范围。当一束微细的电子束照射在表面粗糙的试样上时，由于电子束有一定发散度，除了焦平面外，电子束将展宽，场深与放大倍数及孔径光阑有关。

2.2.3.2　样品制作

扫描电镜实验样品的制作至关重要，为观察到较为清晰的微观结构，制样样品的步骤如下[94]：首先用导电胶将干净的毛玻璃片固定在冷冻台上，然后滴入少量的聚合物冻胶。灌注液氮抽真空将样品中的水分子升华除去，得到干样；将制得的干样置于一定真空度的高压电场中，高压电场使空气电离，然后在干样表面镀上一层可以导电的金属膜，喷金属膜分两次进行，每次30s；将样品从冷冻室中取出直接移入S-4800冷场发射扫描电镜，并在SEM的样品室进行观察，选取图片，进行结构分析。

2.2.3.3 安瓿瓶内静态成胶后铬冻胶的微观结构

由图2-5可以看出，在较低的放大倍数下清晰地反映出铬冻胶的微观形貌，铬冻胶在安瓿瓶内静态成胶后形成的树枝状整体结构[95]，且聚合物和交联剂质量百分数影响铬冻胶在冻结干燥后的形貌。当铬冻胶配方为0.1%HPAM+0.02%Cr(Ⅲ)（质量分数）时，冻胶干燥后呈树枝状形态，各个树枝之间相距较远，树枝尺寸不均一，但是均小于100μm，见图2-5（a）。当铬冻胶配方为0.2%HPAM+0.04%Cr(Ⅲ)（质量分数）时，聚集体相互交联形成较大的树枝状结构，枝条结构尺寸远大于100μm，见图2-5（b）。这是由于聚合物和交联剂质量百分数较低时，体系中交联点较少，形成的结构单元较少，当体系中的水分挥发后形成的聚集体难以形成紧密结构；而聚合物和交联剂质量百分数增大后，交联形成的结构单元彼此聚集，形成较大的体系结构[96]。在较高的放大倍数下可看出铬冻胶是由许多微小颗粒组成的体型结构，颗粒大小不均一，主要分布在0.5~2.5μm之间，在体型结构中存在着很多孔隙，这些孔隙是由铬冻胶中的束缚水和自由水被干燥后留下的[97]。

如图2-6所示，在较低放大倍数下可清晰地看出酚醛树脂冻胶的微观形貌，酚醛树脂冻胶在安瓿瓶内静态成胶后形成规则的网状结构，见图2-6。酚醛树脂冻胶配方为0.2%HPAM+0.6%PFR（质量分数）。规则的网状结构是由聚合物分子中的酰胺基与酚醛树脂预聚体中的羟甲基交联而形成的。在较高的放大倍数下看出网状结构中间存在着尺寸相近的孔隙，孔隙尺寸分布在3~5μm之间，这是由酚醛树脂冻胶网状结构包覆的自由水和束缚水干燥后留下的。由于聚合物和交联剂质量百分数较高，因此形成的网状结构较为致密。与铬冻胶体型结构相比，酚醛树脂冻胶这种网状结构更容易在外力作用下变形，由于网状结构的孔隙比铬冻胶中的大，所以酚醛树脂冻胶强度比铬冻胶强度低。

2.2.4 静态成胶后冻胶黏弹性分析

聚合物冻胶介于弹性固体和黏性液体之间，具有弹性固体和黏性液体两者的特征[98]。黏弹性是冻胶重要的性质之一，储能模量G'和损耗模量G''分别表示了冻胶能量的储存和耗散。损耗模量G''的大小，反映了冻胶的黏性大小，而储能模

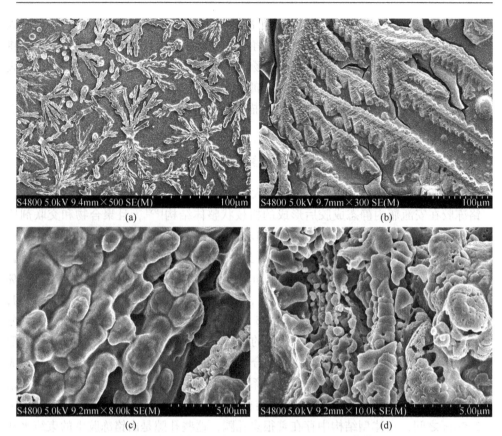

图 2-5　安瓿瓶内静态成胶后铬冻胶的微观形貌

(a)，(c) 0.1%HPAM+0.02%Cr(Ⅲ)；(b)，(d) 0.2%HPAM+0.04%Cr(Ⅲ)

量 G' 则反映了冻胶的弹性大小[99, 100]。在堵水作业中所用冻胶的损耗模量值代表了冻胶形成的堵塞物吸附能力和抗冲刷性能，损耗模量越大，则冻胶的内摩擦阻力越大，在岩石孔隙中移动越困难，抗冲刷性越好。储能模量值则代表了冻胶的可变形性、变形恢复能力及保持整体性能，储能模量高的冻胶不易变形，变形后恢复力强，抗御冲击和局部破坏的能力强。损耗模量和储能模量是冻胶堵水调剖行为的两个重要的表征参数[11]。本章研究铬冻胶和酚醛树脂冻胶的流变和黏弹性质，聚合物冻胶的配方分别为 0.2%HPAM+0.04%Cr(Ⅲ) 和 0.2%HPAM+0.6%PFR。

2.2.4.1　聚合物冻胶黏弹性随剪切频率的变化

采用 Physica MCR301 流变仪对聚合物冻胶进行频率扫描，测定铬冻胶和酚醛树脂冻胶的储能模量 G' 和损耗模量 G''，扫描条件为频率范围 0.1~10Hz，应力固定在 0.2Pa，见图 2-7。

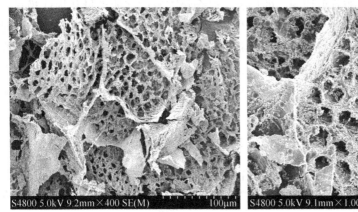

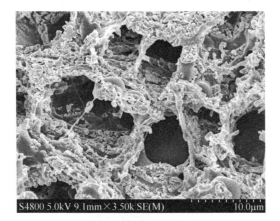

图 2-6 安瓿瓶静态成胶后酚醛树脂冻胶微观形貌

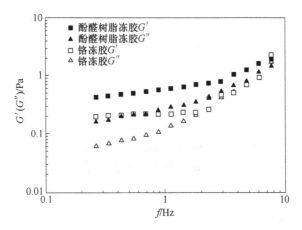

图 2-7 聚合物冻胶储能模量（G'）和损耗模量（G''）随频率变化

由图 2-7 可知，随着剪切频率的增大，聚合物冻胶的储能模量和损耗模量均增大，且铬冻胶和酚醛树脂冻胶的储能模量均大于损耗模量，说明聚合物冻胶是以弹性为主的，具有一定的形变能力和形变恢复能力，且酚醛树脂冻胶的储能模量和损耗模量分别大于铬冻胶的。从侧面反映出酚醛树脂冻胶变形后恢复能力及保持整体性能强，抗御冲击和局部破坏的能力强，同时体现出较好的耐冲刷性能。

2.2.4.2 聚合物冻胶黏弹性随剪切应力的变化

采用 Physica MCR301 流变仪对聚合物冻胶进行应力扫描，测定铬冻胶和酚醛树脂冻胶的储能模量 G' 和损耗模量 G''，扫描条件为应力范围 $0.1 \sim 10 \mathrm{Pa}$，频率固定在 1Hz，见图 2-8。

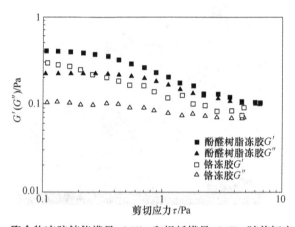

图 2-8 聚合物冻胶储能模量（G'）和损耗模量（G''）随剪切应力变化

在剪切应力逐渐增大的过程中，聚合物冻胶储能模量曲线上存在着线性黏弹性区域和非线性黏弹性区域的拐点。拐点对应的剪切应力越大表示聚合物冻胶抗剪切能力越强。由图 2-8 可知，在剪切应力从 0.1Pa 增加到 1Pa 的过程中，铬冻胶的储能模量一直减小，而酚醛树脂冻胶的储能模量先不变后减小，说明酚醛树脂冻胶的线性黏弹性区域比铬冻胶的宽，从而表明酚醛树脂冻胶比铬冻胶抗剪切。聚合物冻胶的储能模量均大于损耗模量，表明弹性对体系的贡献大于黏性对体系的贡献。在非线性黏弹性区域，随着剪切应力的增大，聚合物冻胶的网状结构在应力作用下有所破坏，表现为聚合物冻胶储能模量降低的幅度大于损耗模量降低的幅度[101]。

2.2.4.3 聚合物冻胶剪切应力随时间的变化

用 Physica MCR301 流变仪在恒定剪切速率 $1\mathrm{s}^{-1}$ 下测定铬冻胶和酚醛树脂冻

胶的剪切应力随时间的变化，见图 2-9。

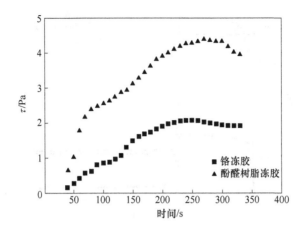

图 2-9　聚合物冻胶的剪切应力随时间的变化

由图 2-9 可知，在恒定剪切速率下，初始时剪切应力随时间增加迅速增加，到达最大值后缓慢回落。在剪切速率 $1s^{-1}$ 下，铬冻胶最大剪切应力为 2.07Pa，酚醛树脂冻胶的最大剪切应力为 4.36Pa。由屈服应力的概念可知，在剪切速率 $1s^{-1}$ 下酚醛树脂冻胶的屈服应力为 4.36Pa，而铬冻胶的屈服应力为 2.07Pa。在相同剪切时间下酚醛树脂冻胶的剪切应力比铬冻胶的剪切应力大，说明酚醛树脂冻胶的抗剪切能力大于铬冻胶。在同种介质中流动时，在相同的流动速率下，铬冻胶的结构更易受到剪切的作用而破坏。

2.2.4.4　聚合物冻胶蠕变特性

蠕变是指在恒定剪切应力作用下，材料的变形随时间变化的过程，它是由材料的分子结构重新调整引起的，当卸去载荷时，材料的变形部分恢复到起始状态。用 Physica MCR301 流变仪测定铬冻胶和酚醛树脂冻胶的应变随应力的变化，当恒定作用力（$\tau = 1.5$Pa）作用 240s 突然消失后，观察此过程中应变的变化规律，见图 2-10。

由图 2-10 可知，蠕变-恢复过程分为两个阶段，第一阶段是在恒定剪切应力 1.5Pa 下作用 240s，在此过程中随着时间的延长，初始时应变随时间增加迅速增加并逐渐趋于稳定，铬冻胶的应变远大于酚醛树脂冻胶的应变，说明酚醛树脂冻胶的黏弹性比铬冻胶的大，在同等条件下变形小。第二阶段是剪切应力消失，即应变恢复阶段，铬冻胶恢复的稳定应变停留在 500% 左右，而酚醛树脂冻胶恢复的稳定应变值与初始值相当。稳定应变的大小可用来衡量冻胶的抗剪切能力，稳

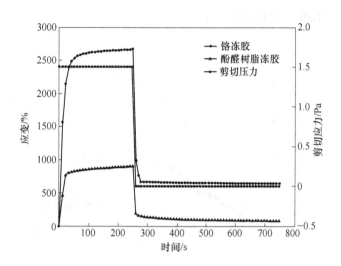

图 2-10　聚合物冻胶应变、应力随时间的变化

定应变越大，说明冻胶受力后的不可恢复性越大，这可以从侧面反映出酚醛树脂冻胶比铬冻胶抗剪切，对剪切的依赖性小。

2.2.4.5　聚合物冻胶剪切应力的滞后曲线

在恒定的剪切频率 1Hz 下用 Physica MCR301 流变仪测定铬冻胶和酚醛树脂冻胶在周期性地增大或减小剪切速率时剪切应力随剪切速率的变化关系，剪切速率先由 0 增大到 $200s^{-1}$，然后由 $200s^{-1}$ 减小到 0，经过周期性的 3 次剪切，见图 2-11。

由图 2-11 可知，在相同剪切速率下，聚合物冻胶在增大剪切速率过程中的剪切应力大于减小剪切应力过程中的剪切应力，构成正触变环，冻胶体系表现正触变性。同时，随着剪切次数的增大，聚合物冻胶的滞后环面积逐渐减小，环的位置向低剪切应力方向移动，铬冻胶第二次和第三次剪切滞后环的面积接近 0，表现出牛顿流体的性质，说明体系只有黏性没有弹性；而酚醛树脂冻胶第二次和第三次剪切还存在一定的滞后环面积，变现为非牛顿流体的性质，说明体系不但有黏性，还存在一定的弹性。第一次剪切形成的滞后环面积最大，铬冻胶的大于酚醛树脂冻胶的，说明聚合物冻胶对剪切较为敏感，铬冻胶更为严重，随着剪切的重复进行，冻胶的结构受到破坏，强度降低。这主要是由于聚合物冻胶具有三维立体网状结构，在外力作用下发生分子链段小范围内的旋转运动和分子链段间的伸展运动；而分子的旋转运动被三维网状结构限制，在外力作用下应力更容易沿着硬性链段传递，导致冻胶结构的破坏[88, 102]。

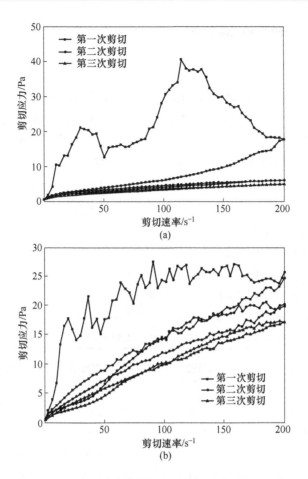

图 2-11 聚合物冻胶剪切应力随剪切速率周期性变化

（a）铬冻胶；（b）酚醛树脂冻胶

2.3 多孔介质中静态成胶

聚合物分子与交联剂分子上发生交联，形成三维网状结构，对多孔介质具有一定的封堵作用，形成的结构越强，封堵能力越强，代表着在多孔介质中形成了强度较高的冻胶。交联聚合物冻胶在多孔介质内流动时的压差变化特征反映了冻胶分子结构特点，随着交联反应的进行，其对多孔介质的封堵能力逐渐增大直至反应结束，封堵能力趋于稳定[103]。一般多采用阻力系数和残余阻力系数或转变压差等指标描述交联聚合物冻胶的流动特征[104, 105]。本章通过测定一系列填砂管中聚合物冻胶的残余阻力系数来表征聚合物冻胶的成胶状态，其值的大小反映了冻胶在多孔介质中黏度的大小。

2.3.1 静态成胶时间和强度的确定

2.3.1.1 实验方法

选用一系列尺寸为 $\phi2.5cm \times 10cm$ 的填砂管模型，饱和水，稳定砂体；测渗透率及孔隙体积，见表 2-5 和表 2-6。然后以 1mL/min 的速度注入 1 倍孔隙体积（V_p）聚合物冻胶待成胶液，密封后静置于 75℃ 烘箱中。每隔一段时间取出一根填砂管，以 1mL/min 的速度进行水驱，记录水驱的稳定压差。

表 2-5　铬冻胶多孔介质中静态成胶填砂管岩心渗透率

配方（质量分数）	渗透率/μm²									
0.15%HPAM+0.04%Cr(Ⅲ)	2.19	4.53	4.00	2.43	3.77	3.40	3.40	4.13	4.79	5.02
0.20%HPAM+0.04%Cr(Ⅲ)	1.50	3.01	6.28	5.38	7.50	6.50	6.10	4.57	5.50	5.47
0.25%HPAM+0.04%Cr(Ⅲ)	2.71	4.52	5.28	3.20	4.52	4.52	6.78	5.60	5.42	4.98
0.30%HPAM+0.04%Cr(Ⅲ)	2.83	2.83	4.85	3.61	2.72	4.26	5.22	5.30	4.72	5.13
0.20%HPAM+0.02%Cr(Ⅲ)	2.61	3.09	3.57	3.40	4.24	3.23	3.23	2.72	2.72	
0.20%HPAM+0.06%Cr(Ⅲ)	1.34	1.94	2.00	2.83	3.57	3.39	4.52	4.73	3.89	

表 2-6　酚醛树脂冻胶多孔介质中静态成胶填砂管岩心渗透率

配方	渗透率/μm²									
0.15%HPAM+0.6%PFR	2.72	4.53	2.72	2.72	2.61	2.72	2.72	3.09	3.09	
0.20%HPAM+0.6%PFR	2.83	2.72	2.42	2.83	2.42	2.26	2.83	2.12	2.61	3.39
0.25%HPAM+0.6%PFR	1.70	3.09	1.70	1.94	1.70	1.70	2.06	2.61	2.42	2.26
0.30%HPAM+0.6%PFR	1.94	1.94	1.70	2.72	2.72	2.26	1.94	2.83	2.61	2.61
0.20%HPAM+0.3%PFR	0.97	1.36	1.36	1.36	1.41	1.50	1.94	1.94	2.36	2.45
0.20%HPAM+0.9%PFR	1.94	2.19	1.23	1.36	1.94	1.94	1.31	1.54	1.47	1.82

2.3.1.2 实验结果与讨论

按照实验方法测得水驱稳定压差，根据式（2-2）计算残余阻力系数，用残余阻力系数表征聚合物冻胶在多孔介质中的静态成胶，见图 2-12 和图 2-13。聚合物冻胶的残余阻力系数是指聚合物冻胶通过岩心前后的盐水渗透率比值，即：

$$F_{RR} = \frac{k_{wl}}{k_{wa}} \tag{2-2}$$

式中　F_{RR} ——残余阻力系数；

　　　k_{wl} ——聚合物冻胶通过岩心前的盐水渗透率；

　　　k_{wa} ——聚合物冻胶通过岩心后的盐水渗透率，即冲洗渗透率。

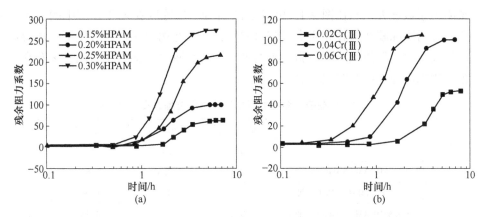

图 2-12 多孔介质中铬冻胶静态成胶后续水驱残余阻力系数随放置时间变化

（a）0.04%Cr(Ⅲ)；（b）0.2%HPAM

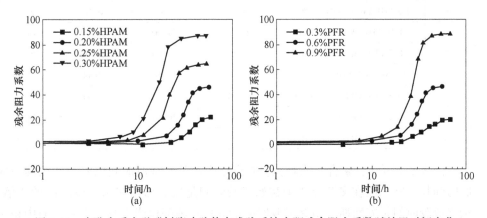

图 2-13 多孔介质中酚醛树脂冻胶静态成胶后续水驱残余阻力系数随放置时间变化

（a）0.6%PFR；（b）0.2%HPAM

由图 2-12 和图 2-13 可知，随着静置时间的延长，残余阻力系数先是基本不变，然后迅速增大，最后趋于稳定，这意味着聚合物冻胶体系经历了诱导、成胶和稳定三个阶段。在诱导阶段，聚合物分子上的羧基和酰胺基团分别与多核羟桥络离子和酚醛树脂分子上的羟甲基反应，形成一个个独立的结构单元，彼此之间没有发生交联，黏度没有发生明显的变化，降低多孔介质渗透率、增大渗流阻力的能力没有体现。在成胶阶段，聚合物和交联剂分子形成的结构单元以聚集体-聚集体的形式结合起来，聚集体在不同方向增长逐渐形成网状结构，吸附在多孔介质表面，降低了渗流通道，起到封堵的作用。随着反应的进行，结构单元完全交联，反应结束，表现为后续水驱稳定压差不变，残余阻力系数不变；且随着聚合物和交联剂质量分数的增大，初始成胶时间和最终成胶时间均缩短，稳定的残余阻力系数增大。对比图 2-12 和图 2-13 可知，铬冻胶在多孔介质中的成胶时间比酚醛树脂冻胶在多孔介质中成胶时间短得多，在相同聚合物浓度下，成胶后稳定的残余阻力系数比酚醛树脂冻胶的大。与安瓿瓶内静态成胶相比，多孔介质中聚合物冻胶静态成胶时间见表 2-7。

表 2-7　安瓿瓶和多孔介质中聚合物冻胶静态成胶时间对比

序号	冻胶配方	安瓿瓶内静态成胶时间/h		多孔介质中静态成胶时间/h	
		IGT	FGT	IGT	FGT
1	0.15%HPAM+0.04%Cr(Ⅲ)	0.42	0.83	1.67	4.17
2	0.2%HPAM+0.04%Cr(Ⅲ)	0.33	0.67	1.00	3.83
3	0.25%HPAM+0.04%Cr(Ⅲ)	0.25	0.50	0.75	3.50
4	0.3%HPAM+0.04%Cr(Ⅲ)	0.17	0.42	0.50	3.17
5	0.2%HPAM+0.02%Cr(Ⅲ)	0.67	1.17	2.00	5.83
6	0.2%HPAM+0.06%Cr(Ⅲ)	0.17	0.42	0.42	2.00
7	0.15%HPAM+0.6%PFR	14.00	27.00	25.00	45.00
8	0.2%HPAM+0.6%PFR	12.00	21.00	17.00	40.00
9	0.25%HPAM+0.6%PFR	9.00	16.50	10.00	29.00
10	0.3%HPAM+0.6%PFR	7.00	14.40	8.00	23.00
11	0.2%HPAM+0.3%PFR	14.30	30.00	20.00	45.00
12	0.2%HPAM+0.9%PFR	9.50	18.00	10.00	35.00

由表 2-7 可知，聚合物冻胶在多孔介质中的静态成胶时间比安瓿瓶内静态成胶时间长，铬冻胶在多孔介质中初始成胶时间是安瓿瓶内初始成胶时间的 3 倍，最终成胶时间是安瓿瓶内最终成胶时间的 6 倍；酚醛树脂冻胶在多孔介质中初始成胶时间是安瓿瓶内初始成胶时间的 1~1.5 倍，最终成胶时间是安瓿瓶内最终成胶时间的 1.5~2 倍。在聚合物冻胶注入填砂管岩心的过程中，聚合物分子和交联剂分子受到岩心剪切，且由于聚合物和交联剂分子量不一样，在岩心中的运移速度存在差异，二者逐渐分离，改变了聚合物和交联剂的配比，从而延长了成胶时间[67]。聚合物和交联剂分子在多孔介质表面吸附[106]，减少了聚合物和交联剂参与交联的活性点，延长了成胶时间。因此，聚合物冻胶在多孔介质中的成胶时间比安瓿瓶内的成胶时间长。

2.3.2　静态成胶后冻胶体系的微观形貌

将人造岩心密封于夹持器中，尺寸为 $\phi2.5\text{cm}\times10\text{cm}$，渗透率为 $3.05\mu\text{m}^2$，抽真空饱和水，计算孔隙体积，然后以 1mL/min 的速度注入 $1V_\text{P}$ 的聚合物冻胶待成胶液，静置于 75℃ 恒温箱中成胶。聚合物冻胶配方分别为 0.2%HPAM+0.04%

Cr(Ⅲ) 和 0.02%HPAM+0.6%PFR。成胶后将岩心取出，切片后灌注液氮抽真空，将岩心中的水分子升华除去，得到干样；将岩心镀膜，喷膜后从冷冻室中取出直接移入 S-4800 冷场发射扫描电镜，并在 SEM 的样品室进行观察，选取图片，进行结构分析，见图 2-14 和图 2-15。

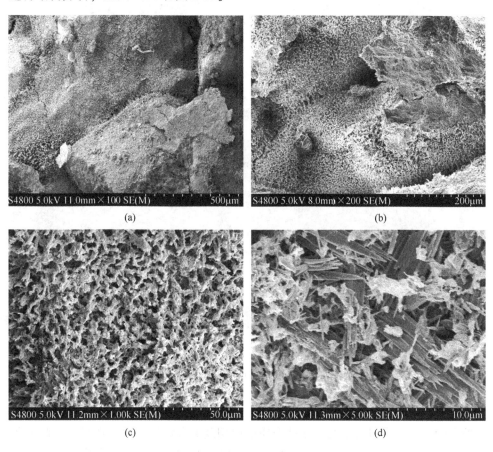

图 2-14   多孔介质中静态成胶后铬冻胶微观形貌
(a) 500μm；(b) 200μm；(c) 50μm；(d) 10μm

由图 2-14 可知，在较低的放大倍数下可清晰地反映出铬冻胶在多孔介质静态成胶后存在方式，成胶后铬冻胶吸附在多孔介质表面形成一层致密的冻胶膜，减小孔喉尺寸，增大渗流阻力，从而起到封堵作用。当孔喉尺寸较小时聚合物分子和多核羟桥络离子形成的结构单元相互聚集交联，在孔隙处捕集形成致密连续的冻胶整体结构，起到封堵作用，见图 2-14（a）和（b）。在较大的放大倍数下可观察到冻胶膜是由致密的骨架和微小的孔隙结构组成，且骨架结构主要是树枝形态的簇状结构聚集形成的。微小的孔隙是铬冻胶中的束缚水和自由水被干燥后

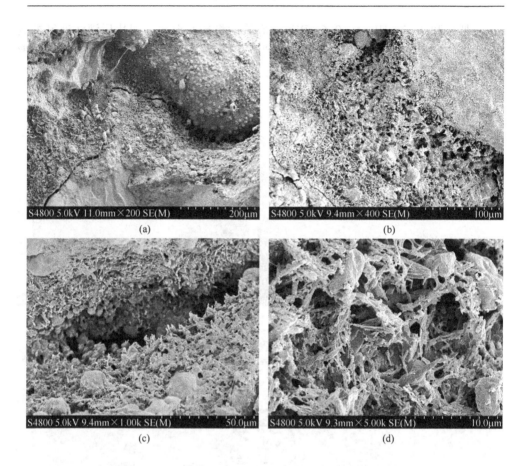

图 2-15 多孔介质中静态成胶后酚醛树脂冻胶微观形貌

（a）200μm；（b）100μm；（c）50μm；（d）10μm

留下的。在注入过程中受到多孔介质的剪切及聚合物分子和交联剂分子在多孔介质表面吸附，铬冻胶在多孔介质中形成的体型结构不如安瓿瓶内静态成胶形成的结构完整、清晰。

由图 2-15 可知，在较低的放大倍数下可清晰地反映出酚醛树脂冻胶在多孔介质中静态成胶后的存在形式，与铬冻胶的相似，主要是在多孔介质表面吸附和在较小的孔喉处捕集，从而减小了多孔介质的渗透通道，起到封堵作用，见图 2-15（a）和（b）。在较高的放大倍数下可观察酚醛树脂冻胶形成的冻胶膜是由一些较粗的链条相互缠绕胶结形成的网状结构和较大的孔隙构成的。与铬冻胶的簇状结构相比，酚醛树脂冻胶的网状结构更发育，孔隙尺寸更大，因此酚醛树脂冻胶的封堵能力比铬冻胶的弱。与铬冻胶相似，在酚醛树脂冻胶待成胶液注入到多孔介质中时受到岩心的剪切作用及聚合物分子和交联剂分子的吸附滞留，从而使酚醛树脂冻胶在多孔介质中形成的网状结构不如安瓿瓶内静态成胶形成的网状结构清晰、完整。

2.4　小结

（1）通过测定黏度随静置时间的变化，确定了铬冻胶和酚醛树脂冻胶的静态成胶时间和冻胶强度，并分析了温度、矿化度和 pH 值对成胶的影响。随着温度和矿化度的升高，静态成胶时间缩短，随温度的变化，符合阿伦尼乌斯公式。在成胶范围内，随着 pH 值的增大，铬冻胶成胶时间缩短，酚醛树脂冻胶的成胶时间先缩短后增加。

（2）SEM 扫描电镜实验表明，静态成胶下铬冻胶是由分布在 $0.5 \sim 2.5 \mu m$ 颗粒组成的树枝状体型结构，随着聚合物和交联剂浓度增大，树枝状结构变得粗大。酚醛树脂冻胶是由链条组成的网状结构，更容易变形。多孔介质中静态成胶后聚合物冻胶主要吸附在岩石表面和在较小孔隙处形成捕集，铬冻胶是由树枝组成的簇状结构，结构致密，孔隙较小；酚醛树脂冻胶是由链条组成的网状结构，孔隙较大，因此其封堵能力比铬冻胶的弱。多孔介质中动态成胶后的产物为滞留在多孔介质中的冻胶颗粒和流出的自由水，冻胶颗粒主要的存在方式是捕集。

（3）流变黏弹性试验表明，酚醛树脂冻胶具有更高的黏弹性、抗剪切能力和剪切后恢复能力，这与酚醛树脂冻胶形成的网状结构有关。振荡剪切后静置成胶冻胶的黏弹性试验表明，随着剪切时间延长，剪切强度增大，剪切后静置成胶冻胶的黏弹性降低。尤其是当剪切速率大于临界成胶剪切速率后，剪切后静置成胶冻胶的储能模量和损耗模量显著降低。

（4）通过测定残余阻力系数随静置时间的变化，确定了多孔介质中铬冻胶和酚醛树脂冻胶的静态成胶时间。铬冻胶在多孔介质中初始成胶时间是在安瓿瓶内初始成胶时间的 3 倍，最终成胶时间是在安瓿瓶内最终成胶时间的 6 倍；酚醛树脂冻胶在多孔介质中初始成胶时间是在安瓿瓶内初始成胶时间的 1.5 倍，最终成胶时间是在安瓿瓶内最终成胶时间的 $1.5 \sim 2$ 倍。通过测定注入端压差随时间的变化，确定了聚合物冻胶在多孔介质中的动态成胶时间。铬冻胶在多孔介质中动态初始成胶时间，分别是在安瓿瓶内和多孔介质中静态初始成胶时间的 6 倍和 2 倍。酚醛树脂冻胶动态初始成胶时间分别是在安瓿瓶内和多孔介质中静态初始成胶时间的 2.2 倍和 1.7 倍；动态最终成胶时间是在安瓿瓶内和多孔介质中静态最终成胶时间的 4 倍和 2.5 倍。

3 聚合物冻胶机械剪切下动态成胶研究

聚合物冻胶待成胶体系在注入地层前受到各种机械剪切，在泵内循环混合时受到泵的剪切，在注入过程中受到管线、阀门的剪切，在井底受到炮眼的剪切等。在这些过程中的剪切速率有大有小，且对聚合物冻胶的成胶过程有较大影响，在室内逐一模拟这些剪切存在着一定的难度，朱怀江[51]等采用恒温的旋转振荡水浴进行室内模拟。本章采用最简单的两种剪切方式：搅拌剪切和振荡剪切模拟上述剪切过程，考察剪切速率对聚合物冻胶动态成胶的影响。

国内外很多专家学者已经研究了在小幅稳定剪切速率下用流变仪分析聚合物冻胶的动态成胶过程[57, 107]，其成胶过程分为诱导阶段、成胶阶段、稳定阶段和下降阶段，见图3-1。与静态成胶过程相比多了下降阶段，这是由于在成胶过程中存在剪切作用。在动态成胶过程中初始成胶时间定义为体系黏度开始明显增大的时刻，在曲线上表示为诱导阶段和成胶阶段的交点；最终成胶时间定义为体系黏度到达稳定值的时刻，在曲线上表示为成胶阶段和稳定阶段的交点。在剪切作用下成胶，聚合物冻胶体系的黏度随着剪切时间的延长最终会降低到非常低的数值，而将此时的黏度值定义为剪切作用下动态成胶后冻胶强度不合理。因此，将稳定阶段聚合物冻胶的黏度定义为动态成胶后冻胶体系的强度。

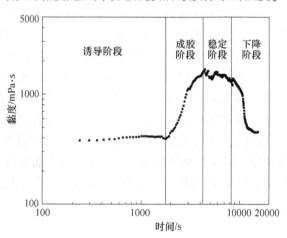

图 3-1　聚合物冻胶在剪切条件下的动态成胶过程

本章着重针对聚合物冻胶在机械剪切作用下动态成胶时间、冻胶强度、临界成胶剪切速率、剪切在成胶过程中的影响等问题进行研究，得到聚合物冻胶在机械剪切作用下动态成胶规律。

3.1 搅拌剪切下聚合物冻胶动态成胶

在搅拌剪切动态成胶实验中，采用的仪器是 RW 20 digital 顶置式机械搅拌器，最低转速为 45r/min，搅拌剪切装置如图 3-2 所示。杆的直径为 0.8cm，叶轮的长度为 2.1cm、宽为 0.8cm、厚度为 0.1cm。叶轮与水平面的角度为 45°。盛放聚合物冻胶待成胶液的容器内径为 5.86cm、高 2.6cm。为确保待成胶液都能随搅拌而流动，每次剪切作用下待成胶液的最大量不超过 70mL。Metzner 和 Otto[108] 提出了一种计算平均搅拌剪切速率的方法，见式（3-1）。

$$\gamma = K_s \times N \qquad\qquad (3-1)$$

式中 γ ——平均搅拌剪切速率，s^{-1}；

K_s ——Metzner 常数，与叶轮类型、叶轮及搅拌槽几何尺寸等参数有关，对常用叶轮可从有关手册[109]中查到，本书中 K_s 数值为 9.1；

N ——搅拌叶轮转速，r/s。

通过式（3-1）可将 RW 20 digital 顶置式机械搅拌器的转速转换成平均剪切速率，可测定出平均剪切速率对聚合物冻胶在搅拌剪切下动态成胶的影响。

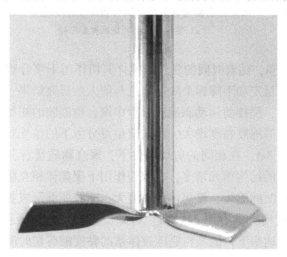

图 3-2 搅拌剪切装置示意图

3.1.1 动态成胶影响因素分析

本章主要分析聚合物用量、交联剂用量和剪切速率三方面对聚合物冻胶在搅拌剪切下动态成胶的影响。

3.1.1.1 聚合物用量

保持交联剂的质量百分数不变，Cr(Ⅲ) 质量百分数为 0.04%，PFR 质量百分数为 0.6%，改变聚合物的质量百分数，配制不同聚合物质量百分数的冻胶待成胶液，取 70mL 在一定转速下进行搅拌剪切，铬冻胶所用剪切速率为 11.38s^{-1}，酚醛树脂冻胶所用剪切速率为 15.17s^{-1}。每隔一段时间取出用 Brookfield DV-Ⅱ 黏度计测定冻胶体系的黏度，见图 3-3。

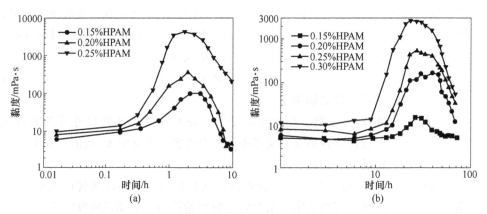

图 3-3   不同聚合物质量百分数下聚合物冻胶黏度随剪切时间的变化
(a) 铬冻胶；(b) 酚醛树脂冻胶

由图 3-3 可知，随着时间的延长，搅拌剪切作用下聚合物冻胶动态成胶经历了诱导、成胶、稳定和下降四个阶段，这与前人的研究结果一致。随着聚合物质量百分数的增大，搅拌剪切动态成胶过程中聚合物冻胶的初始成胶时间和最终成胶均缩短，成胶后冻胶黏度增大，相同质量百分数下的铬冻胶黏度比酚醛树脂冻胶黏度大，见表 3-1。在相同的剪切条件下，聚合物质量百分数增大，在诱导阶段与交联剂形成的结构单元增多，在剪切作用下聚集体相互碰撞发生交联的几率增大，因此成胶时间缩短，聚集体数量增大，冻胶能够形成更加致密的空间网状结构，冻胶黏度增大。由图 3-3 (b) 可知，当聚合物质量百分数为 0.15% 时，在 15.17s^{-1} 剪切速率下，酚醛树脂冻胶体系的黏度随剪切时间的延长没有发生明显的变化，黏度值从几 mPa·s 增加到十几 mPa·s，说明在 15.17s^{-1} 剪切速率下此配方的酚醛树脂冻胶不能形成具有一定强度的冻胶，反映出不同配方的聚合物冻胶对剪切的依赖程度不同。

3.1.1.2 交联剂用量

保持聚合物冻胶质量百分数为 0.2% 不变，改变交联剂的质量百分数，

Cr(Ⅲ)质量百分数从 0.02%变化到 0.06%，PFR 质量百分数从 0.3%变化到 0.9%，配制不同交联剂质量百分数的冻胶待成胶液，取 70mL 在一定转速下进行搅拌剪切，铬冻胶所用剪切速率为 11.38s⁻¹，酚醛树脂冻胶所用剪切速率为 15.17s⁻¹。每隔一段时间取出用 Brookfield DV-Ⅱ黏度计测定冻胶体系的黏度，见图 3-4。

表 3-1　搅拌剪切作用下聚合物冻胶动态成胶时间和冻胶黏度

序号	冻胶配方	剪切速率/s⁻¹	IGT/h	FGT/h	冻胶黏度/mPa·s
1	0.15%HPAM+0.04%Cr(Ⅲ)	11.38	0.33	3.00	103
2	0.2%HPAM+0.04%Cr(Ⅲ)	11.38	0.25	2.00	375
3	0.25%HPAM+0.04%Cr(Ⅲ)	11.38	0.17	1.17	3370
4	0.2%HPAM+0.02%Cr(Ⅲ)	11.38	0.50	2.00	40
5	0.2%HPAM+0.06%Cr(Ⅲ)	11.38	0.17	1.50	3500
6	0.15%HPAM+0.6%PFR	15.17	未成胶	未成胶	未成胶
7	0.2%HPAM+0.6%PFR	15.17	15	30	153
8	0.25%HPAM+0.6%PFR	15.17	13	27	550
9	0.3%HPAM+0.6%PFR	15.17	9	23	2700
10	0.2%HPAM+0.3%PFR	15.17	未成胶	未成胶	未成胶
11	0.2%HPAM+0.9%PFR	15.17	12	24	1030

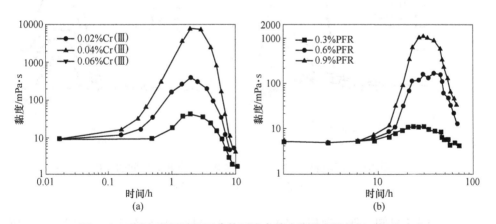

图 3-4　不同交联剂质量百分数下聚合物冻胶黏度随剪切时间的变化
（a）铬冻胶；（b）酚醛树脂冻胶

由图 3-4 可知，随着时间的延长，不同交联剂质量百分数下搅拌剪切动态成胶趋势与不同聚合物质量百分数下动态成胶趋势是相同的。随着交联剂质量百分数的增大, 搅拌剪切聚合物冻胶动态成胶初始成胶时间和最终成胶时间均缩短, 成胶后冻胶强度增大, 见表 3-1。随着交联剂质量百分数增大, 铬冻胶体系中的多核羟桥络离子和酚醛树脂冻胶体系中的羟甲基数量增大, 在诱导阶段形成的结构单元数量增多, 在相同的剪切条件下各聚集体相互碰撞交联的几率增大, 成胶时间缩短。由于交联点增多, 聚合物冻胶形成的网状结构更加致密, 对水的控制能力更强, 因此冻胶强度增大。

由表 3-1 可知, 随着聚合物和交联剂质量百分数的增大, 搅拌剪切动态成胶初始成胶时间和最终成胶时间缩短, 冻胶强度增大。当剪切速率为 15.17s^{-1} 时, 配方为 0.2%HPAM+0.3%PFR 和 0.15%HPAM+0.6%PFR 的酚醛树脂冻胶不能形成具有一定强度的冻胶, 说明聚合物和交联剂质量百分数越低, 聚合物冻胶抗搅拌剪切能力越差。

3.1.1.3 剪切速率

保持聚合物冻胶的配方不变, 铬冻胶为 0.2%HPAM+0.04%Cr(Ⅲ), 酚醛树脂冻胶为 0.2%HPAM+0.6%PFR, 配制聚合物冻胶待成胶液, 取 70mL 在一定转速下进行搅拌剪切, 每隔一段时间取出用 Brookfield DV-Ⅱ 黏度计测定冻胶体系的黏度; 改变转速, 考察剪切速率对搅拌剪切动态成胶的影响, 见图 3-5。

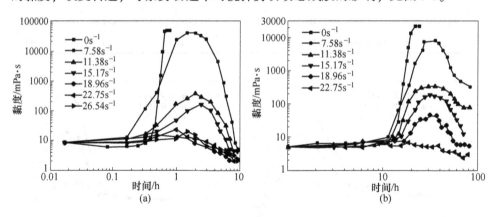

图 3-5 不同剪切速率下聚合物冻胶黏度随剪切时间的变化
(a) 铬冻胶; (b) 酚醛树脂冻胶

由图 3-5 可知, 随着剪切速率的增大, 在搅拌剪切动态成胶过程中聚合物冻胶的初始成胶时间和最终成胶时间延长, 成胶后冻胶强度降低; 且当剪切速率增大到一定值后, 聚合物冻胶在搅拌剪切动态成胶过程中黏度不发生明显的变化, 说明当剪切速率大于或者等于此值时, 聚合物冻胶体系不能形成具有一定结构强度的冻胶。由图 3-5 (a) 可知, 当剪切速率大于或者等于 18.96s^{-1} 时, 铬冻胶不能形成具有一定强度的冻胶；由图 3-5（b）可知，当剪切速率大于或者等于 22.75s^{-1}时，酚醛树脂冻胶不能形成具有一定强度的冻胶。与静态成胶相比，在低剪切速率下聚合物冻胶初始成胶时间随剪切速率增大而缩短，在高剪切速率下随着剪切速率的增大而延长，最终成胶时间则是随着剪切速率增大而延长，见图 3-6。

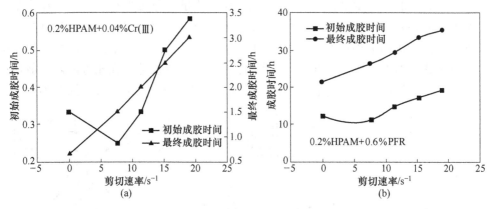

图 3-6　剪切速率对搅拌剪切动态成胶时间的影响
（a）铬冻胶；（b）酚醛树脂冻胶

在搅拌剪切动态成胶过程中，剪切对聚合物冻胶动态成胶过程的影响是两方面的：一方面是搅拌加速了聚合物和交联剂分子的热运动，有利于结构单元的形成，增大了聚集体相互碰撞交联的几率，缩短了初始成胶时间；另一方面是搅拌剪切破坏了相互交联的聚集体形成的结构，降低了聚合物冻胶体系的表观黏度，延长了诱导阶段，从侧面反映是延长了初始成胶时间。在低剪切速率下加速交联反应的作用大于破坏聚集体结构的作用，所以初始成胶时间小于静置条件下的初始成胶时间；在高剪切速率下破坏聚集体结构的作用大于加速交联反应的作用，因此初始成胶时间大于静置条件下的初始成胶时间。由于搅拌剪切作用的存在，即使在低剪切速率下缩短了诱导阶段，但是同样会延长成胶阶段，会破坏聚合物冻胶结构的整体性，降低冻胶的表观黏度。所以在搅拌剪切动态成胶过程中，随着剪切速率的增大，聚合物冻胶最终成胶时间延长，冻胶强度降低。

3.1.2　临界成胶剪切速率的确定

由表 3-1 和图 3-5 可知，当剪切速率到达一定值后，聚合物冻胶在搅拌剪切动态成胶过程中没有出现明显的黏度增加现象，说明聚合物冻胶在此剪切速率下不成胶。因此，存在着一临界成胶剪切速率，当剪切速率小于临界成胶剪切速率时，在搅拌剪切动态成胶过程中冻胶体系黏度会出现明显的增大；当剪切速率大于或者等于临界成胶剪切速率时，在搅拌剪切动态成胶过程中冻胶体系黏度不会出现明显的增大。体系成胶与否可根据稳定阶段冻胶的黏度值判断，当稳定阶段黏度值大于初始黏度值时，说明成胶；反之，则不成胶。

3.1.2.1　不同聚合物用量下临界成胶剪切速率的确定

保持交联剂的质量百分数不变，Cr(Ⅲ) 质量百分数为 0.04%，PFR 质量百分数为 0.6%，改变聚合物质量百分数，配制不同配方的聚合物冻胶待成胶液，取 70mL 在恒定剪切速率下进行搅拌剪切动态成胶，测定稳定阶段的黏度值。由小到大逐渐增大剪切速率重复上述实验，直至测得冻胶体系在相近的两个剪切速率下，一个稳定阶段黏度略有增大，另一个稳定阶段黏度不增大，见图 3-7。

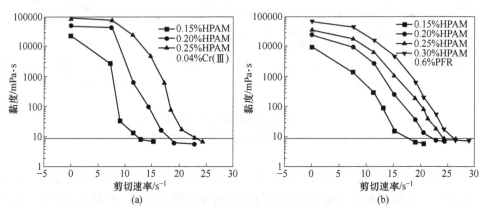

图 3-7　不同聚合物质量百分数下临界成胶剪切速率的确定
(a) 铬冻胶；(b) 酚醛树脂冻胶

由图 3-7 可知，随着剪切速率的增大，稳定阶段冻胶的黏度值逐渐降低，当增大到一定值后，稳定阶段的黏度值小于初始阶段的黏度值，说明当剪切速率大于此剪切速率时，在搅拌剪切动态成胶过程中聚合物冻胶不能成胶，此时剪切速率为临界成胶剪切速率。同时可以看出，当剪切速率较小（小于 $7s^{-1}$）时，剪切速率的改变对稳定阶段的冻胶黏度影响较小；当剪切速率大于 $7s^{-1}$ 后，黏度值迅速降低；当剪切速率大于临界成胶剪切速率时，聚合物冻胶不能成胶。聚合物质量百分数增大，稳定阶段黏度值增大，临界成胶剪切速率增大，见表 3-2。

表 3-2　聚合物冻胶搅拌剪切动态成胶临界成胶剪切速率

序号	冻 胶 配 方	临界成胶剪切速率/s^{-1}
1	0.15%HPAM+0.04%Cr(Ⅲ)	11.38
2	0.2%HPAM+0.04%Cr(Ⅲ)	16.68
3	0.25%HPAM+0.04%Cr(Ⅲ)	20.48

续表3-2

序号	冻 胶 配 方	临界成胶剪切速率/s⁻¹
4	0.15%HPAM+0.6%PFR	15.17
5	0.2%HPAM+0.6%PFR	20.48
6	0.25%HPAM+0.6%PFR	22.75
7	0.3%HPAM+0.6%PFR	24.27
8	0.2%HPAM+0.02%Cr(Ⅲ)	9.1
9	0.2%HPAM+0.06%Cr(Ⅲ)	22.75
10	0.2%HPAM+0.3%PFR	15.17
11	0.2%HPAM+0.9%PFR	22.75

3.1.2.2　不同交联剂用量下临界成胶剪切速率的确定

保持聚合物的质量百分数为0.2%不变，改变交联剂的质量百分数，Cr(Ⅲ)质量百分数由0.02%增大至0.06%，PFR质量百分数由0.3%增大至0.9%。配制不同配方的聚合物冻胶待成胶液，取70mL在恒定剪切速率下进行搅拌剪切动态成胶，测定稳定阶段的黏度值。由小到大逐渐增大剪切速率重复上述实验，直至测得冻胶体系在相近的两个剪切速率下，一个稳定阶段黏度略有增大，另一个稳定阶段黏度不增大，见图3-8。

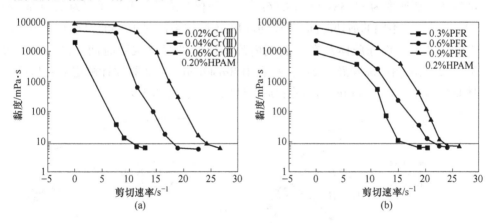

图3-8　不同交联剂质量百分数下临界成胶剪切速率的确定
（a）铬冻胶；（b）酚醛树脂冻胶

由图3-8可知，随着剪切速率的增大，稳定阶段黏度值先是变化不大，然后迅速降低直至不能成胶。当速率小于7s⁻¹时，剪切速率的增大对稳定阶段的黏度值影响不大；当剪切速率大于7s⁻¹时，剪切速率增大，稳定阶段黏度值迅速降低；大于临界成胶剪切速率后不成胶。交联剂质量百分数增大，临界成胶剪切速率增大，见表3-2。

　　由表3-2可知，随着聚合物和交联剂质量百分数的增大，临界成胶剪切速率增大，且酚醛树脂冻胶的临界成胶剪切速率普遍比铬冻胶的大。这是由于当聚合物和交联剂质量百分数增大后，铬冻胶体系中的羧基和多核羟桥络离子数量增多，而酚醛树脂冻胶体系中的酰胺基和羟甲基数量也增大，在诱导阶段形成的结构单元聚集体多。聚集体之间相互交联的作用力增强，形成的冻胶网状结构更为致密，需要较大的剪切力才能破坏冻胶的结构。流变黏弹实验表明，酚醛树脂冻胶具有更大的黏弹模量和较强的抗剪切能力，因此酚醛树脂冻胶的临界成胶剪切速率大于铬冻胶的。

3.1.3　搅拌剪切后静置成胶规律

　　聚合物冻胶在搅拌剪切动态成胶过程中随着剪切强度的增加，体系由成胶变为不成胶，存在着临界成胶剪切速率。而在实际油田应用中聚合物冻胶的成胶过程并不一定是一直存在剪切的，因此研究剪切成胶过程之后聚合物冻胶静置一段时间黏度的变化是非常有必要的。

　　配制聚合物冻胶待成胶液，聚合物冻胶配方为0.2%HPAM+0.04%Cr（Ⅲ）和0.2%HPAM+0.6%PFR，取若干份70mL待成胶液进行搅拌剪切动态成胶，铬冻胶的剪切速率为$11.38s^{-1}$和$18.96s^{-1}$，酚醛树脂冻胶的剪切速率为$15.17s^{-1}$和$22.75s^{-1}$。在不同的剪切时间下将已剪切的冻胶体系静置于75℃恒温水浴中，静置时间是聚合物冻胶体系在安瓿瓶内静态成胶的最终成胶时间，铬冻胶静置0.67h，酚醛树脂冻胶静置21h，然后用Brookfield DV-Ⅱ黏度计测定静置后冻胶体系的黏度，观察剪切时间与静置后黏度的关系，见图3-9。

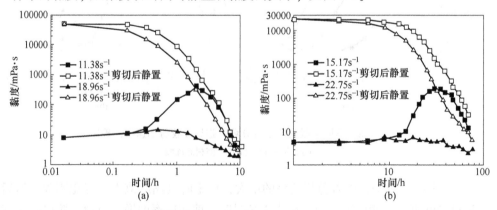

图3-9　搅拌剪切后静置成胶聚合物冻胶黏度随剪切时间的变化

（a）铬冻胶；（b）酚醛树脂冻胶

由图 3-9 可知，随着剪切时间的延长，在小于临界成胶剪切速率下剪切成胶时聚合物冻胶体系的黏度先是不变然后迅速增大，经过短暂的稳定后降低；在等于或大于临界成胶剪切速率下剪切成胶时，冻胶体系的黏度基本不变。而剪切后静置冻胶体系的黏度先是基本不变，与冻胶在安瓿瓶内静置成胶黏度相当，然后迅速降低，但始终大于搅拌剪切成胶体系的黏度。随着剪切速率的增大，剪切后静置冻胶体系的黏度下降越快。搅拌剪切动态成胶过程分为四个阶段，在诱导阶段聚合物分子与交联剂分子发生交联，形成一个个独立的结构单元，彼此之间未发生交联，体系的黏度未增大，在此阶段彼此孤立的结构单元受到剪切作用的影响非常小，只是部分聚合物分子链段受到剪切破坏，但是经过静置后结构单元之间相互交联形成整体的网状结构，受剪切破坏的聚合物链段也可通过交联与其他结构单元形成整体，因此体系的黏度与安瓿瓶内静态成胶黏度相当。在成胶阶段，彼此孤立的结构单元相互交联形成体积更大的聚集体，体系的网状结构开始形成，在此阶段剪切破坏的不仅仅是聚合物的分子链段，还有相互交联形成的网状结构，网状结构的破坏致使整体冻胶变为一些小的冻胶块，由于在此阶段交联作用大于剪切破坏作用，因此体系的黏度明显增大。但是随着剪切时间的延长，网状结构受到破坏的程度加剧，形成的小冻胶块增多，冻胶的整体性破坏越严重，经过静置后的冻胶块可通过分子间力或者静电力相互连接，但是冻胶的网状结构在较大程度上不可恢复，因此在成胶阶段，剪切后静置冻胶黏度随剪切时间的延长迅速降低，而且随着剪切速率的增大，静置后黏度降低的幅度增大。在稳定阶段和下降阶段，剪切作用逐渐占据主导地位，冻胶体系的网状结构进一步遭到破坏，即使经过静置，冻胶体系的黏度还是会持续下降。在动态成胶过程中未成胶的体系，经过静置后可形成一定强度的冻胶，说明聚合物冻胶有一定的剪切恢复能力。这是由于剪切作用破坏聚合物的分子链段和冻胶体系的网状结构，但是分子链段或网状结构之间可通过分子间力或静电力连接在一起，从而使黏度升高。

由上述分析可知，对于剪切后静置成胶的聚合物冻胶体系而言，在诱导阶段剪切作用并未影响到剪切后静置成胶体系的黏度；而在成胶阶段，剪切后静置成胶体系的黏度受到剪切的作用而迅速降低。诱导阶段和成胶阶段的分界点是聚合物冻胶的初始成胶时间，因此应用聚合物冻胶时，应尽量将剪切时间控制在初始成胶时间以内，这就能降低剪切作用对冻胶体系强度的影响。

3.2 振荡剪切下聚合物冻胶动态成胶

在振荡剪切动态成胶实验中用到的仪器为 IKA KS4000icontrol 空气浴振荡器，见图 3-10。盛放聚合物冻胶待成胶液的锥形瓶底面外径 6.4cm，为保持和搅拌剪切的聚合物冻胶待成胶液体系相同，瓶内待成胶液体积为 70mL，在锥形瓶内高度为 2.5cm。实验时将锥形瓶密封后固定在振荡器的托盘上，跟随托盘仪器做圆周运动。因此，锥形瓶的转速与振荡器的转速相同，聚合物冻胶待成胶液在一定转速下涡旋流动。根据剪切速率的定义剪切速率为流体的流动速度相对圆流道半径的变化速率可得，在这种固定转速下涡旋流动的剪切速率为 $2\pi N$，其中 N 为转速，单位为 r/s。因此，可通过调整 IKA KS4000icontrol 空气浴振荡器的转速改变剪切速率，测定不同剪切速率下聚合物冻胶振荡剪切动态成胶规律。

图 3-10   振荡剪切装置示意图

3.2.1   动态成胶影响因素

本章主要分析聚合物用量、交联剂用量和剪切速率三个参数对聚合物冻胶在振荡剪切下动态成胶的影响。

3.2.1.1   聚合物用量

保持交联剂质量百分数不变，Cr(Ⅲ) 质量百分数为 0.04%，PFR 质量百分数为 0.6%，配制不同聚合物质量百分数的冻胶待成胶液，取 70mL 密封在锥形瓶中，将其固定在振荡器中，调整温度和转速，在一定转速下考察不同聚合物质量百分数冻胶待成胶液在振荡剪切作用下的成胶规律，聚合物冻胶的剪切速率为 13.08s^{-1}，见图 3-11。

由图 3-11 可知，随振荡剪切时间的延长，聚合物冻胶体系的黏度先是基本不变，然后迅速增加，经过一段时间稳定后下降，这与机械剪切的成胶规律是相同的。聚合物质量百分数增大，聚合物冻胶体系内交联点数量增多，交联速率增大，对水的束缚能力增大，在相同剪切速率下初始成胶时间和最终成胶时间均缩短，冻胶黏度增大，见表 3-3。在下降阶段，配方为 0.15%HPAM+0.04%Cr(Ⅲ)

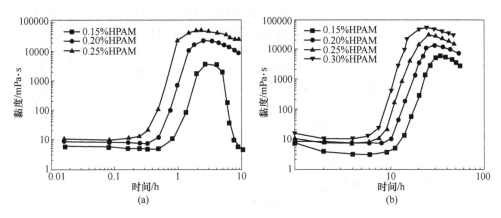

图 3-11 不同聚合物质量百分数下聚合物冻胶黏度随剪切时间的变化
（a）铬冻胶；（b）酚醛树脂冻胶

的铬冻胶体系随着剪切时间的延长黏度降低剧烈，其黏度值已低于初始冻胶待成胶液的黏度值，说明此冻胶体系的抗剪切能力较弱，从侧面反映出聚合物质量百分数增大可增加体系的抗剪切能力。

表 3-3 振荡剪切动态成胶时间和冻胶黏度的确定

序号	冻胶配方	剪切速率 /s⁻¹	IGT/h	FGT/h	冻胶黏度 /mPa·s
1	0.15%HPAM+0.04%Cr(Ⅲ)	13.08	0.50	3.33	3651
2	0.2%HPAM+0.04%Cr(Ⅲ)	13.08	0.33	2.17	23300
3	0.25%HPAM+0.04%Cr(Ⅲ)	13.08	0.25	1.50	52170
4	0.15%HPAM+0.6%PFR	13.08	16	33	5845
5	0.2%HPAM+0.6%PFR	13.08	14	29	13240
6	0.25%HPAM+0.6%PFR	13.08	11	25	29070
7	0.3%HPAM+0.6%PFR	13.08	8	24	51360
8	0.2%HPAM+0.02%Cr(Ⅲ)	13.08	未成胶	未成胶	未成胶
9	0.2%HPAM+0.06%Cr(Ⅲ)	13.08	0.25	1.67	59020
10	0.2%HPAM+0.3%PFR	13.08	16	36	5744
11	0.2%HPAM+0.9%PFR	13.08	11	24	38590

3.2.1.2 交联剂用量

保持聚合物质量百分数为 0.2% 不变，改变交联剂的质量百分数，配制不同配方的聚合物冻胶待成胶液，取 70mL 密封在锥形瓶中，将其固定在振荡器中，调整温度和转速，在一定转速下考察不同交联剂质量百分数时冻胶待成胶液在振荡剪切作用下的成胶规律，聚合物冻胶的剪切速率为 $13.08s^{-1}$，见图 3-12。

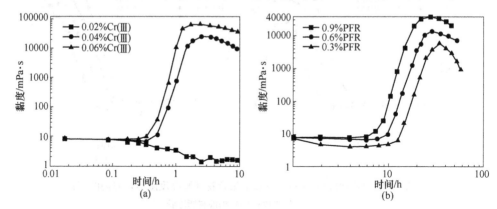

图 3-12　不同交联剂质量百分数下聚合物冻胶黏度随剪切时间的变化
(a) 铬冻胶；(b) 酚醛树脂冻胶

由图 3-12 可知，随着剪切时间的延长，除配方为 0.2%HPAM+0.02%Cr(Ⅲ) 的铬冻胶体系以外，其他聚合物冻胶体系均经历了诱导、成胶、稳定和下降四个阶段。随着交联剂质量百分数的增多，聚合物冻胶体系中的交联点增多，交联反应速率增大，且形成冻胶的结构更加致密，因此振荡剪切动态成胶初始成胶时间和最终成胶时间均缩短，冻胶黏度增大，见表 3-3。配方为 0.2%HPAM+0.02%Cr(Ⅲ) 铬冻胶体系的黏度随着剪切时间的延长略微降低，说明在剪切速率 $13.08s^{-1}$ 下此冻胶体系不能形成具有一定强度的冻胶，也反映出增大交联剂质量百分数可以增强体系的抗剪切能力。

由表 3-3 可知，随着聚合物和交联剂质量百分数的增大，振荡剪切动态成胶初始成胶时间和最终成胶时间缩短，冻胶强度增大。当剪切速率为 $13.08s^{-1}$ 时，配方为 0.2%HPAM+0.02%Cr(Ⅲ) 铬冻胶不能形成具有一定强度的冻胶，与其他配方冻胶比较同样能说明交联剂质量百分数越低，聚合物冻胶抗振荡剪切能力越差。与搅拌剪切下动态成胶冻胶黏度相比，振荡剪切下聚合物冻胶动态成胶后的黏度明显增大，说明搅拌剪切时螺旋桨直接作用在冻胶体系上，剪切强度大，在振荡剪切时所产生的剪切强度来源于不同位置处液体的旋转速度不同而产生的内剪切力，剪切强度低。因此，在振荡剪切动态成胶过程中聚合物冻胶体系黏度比较高。

3.2.1.3　剪切速率

保持聚合物冻胶的配方不变，铬冻胶为 0.2%HPAM+0.04%Cr(Ⅲ)，酚醛树脂冻胶为 0.2%HPAM+0.6%PFR，配制聚合物冻胶待成胶液，取 70mL 密封在锥形瓶中，将其固定在振荡器中，在一定转速下进行振荡剪切成胶，每隔一段时间取出用 Brookfield DV-Ⅱ黏度计测定冻胶体系的黏度，直至动态成胶过程结束；改变转速进行重复试验，考察剪切速率对振荡剪切动态成胶的影响，见图 3-13。

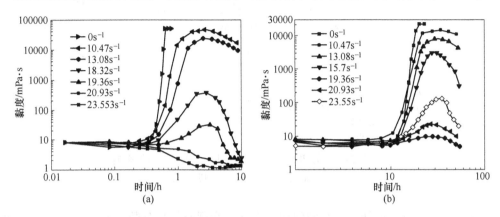

图 3-13　不同剪切速率下聚合物冻胶黏度随剪切时间的变化

（a）铬冻胶；（b）酚醛树脂冻胶

由图 3-13 可知，随着剪切速率的增大，聚合物冻胶出现成胶和不成胶两种情况，当剪切速率大于 19.36 s^{-1} 时配方为 0.2%HPAM+0.04%Cr(Ⅲ) 的铬冻胶不能形成具有一定强度的冻胶，当剪切速率大于 20.93s^{-1} 时配方为 0.2%HPAM+0.6%PFR 的酚醛树脂冻胶不能形成具有一定强度的冻胶，说明存在着成胶和不成胶的临界剪切速率。在成胶剪切速率范围内，随着剪切时间的延长聚合物冻胶经历了动态成胶的四个阶段；且随着剪切速率的增大，振荡剪切动态成胶初始成胶时间和最终成胶时间均延长，成胶后冻胶黏度降低。与静态成胶相比，在低剪切速率下，初始成胶时间比静态成胶时间短，在高剪切速率下初始成胶时间比静态成胶时间长，最终成胶时间则一直比安瓿瓶内静态成胶时间长，见图 3-14。

由图 3-14 可知，随着剪切速率的增大，振荡剪切动态成胶初始成胶时间先降低后增大，最终成胶时间一直增大。其原因与搅拌剪切的原因是相同的，主要是由于剪切既可以加快聚集体之间的交联反应速率，也可以破坏聚集体形成的结构，这两方面的共同作用使初始成胶时间先降后增。但是，由于振荡剪切作用的存在，即使在低剪切速率下缩短了诱导阶段，同样会延长成胶阶段，会破坏聚合物冻胶结构的整体性，降低冻胶的表观黏度。所以在振荡剪切动态成胶过程中，随着剪切速率的增大，聚合物冻胶最终成胶时间延长，冻胶强度降低。

3.2.2　临界成胶剪切速率的确定

由图 3-13 可知，在振荡剪切成胶过程中也存在着成胶与不成胶的临界剪切

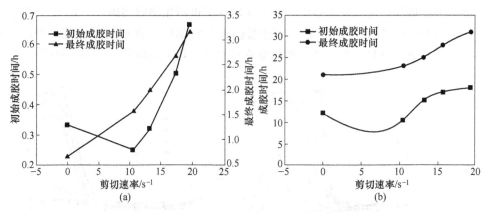

图 3-14　剪切速率对振荡剪切动态成胶时间的影响

（a）铬冻胶；（b）酚醛树脂冻胶

速率。由表 3-3 可知，在相同剪切速率下交联剂质量百分数低的聚合物冻胶待成胶液不能形成冻胶，说明聚合物冻胶体系的组成影响临界成胶剪切速率的大小。

3.2.2.1　不同聚合物用量下临界成胶剪切速率的确定

保持交联剂的质量百分数不变，Cr（Ⅲ）质量百分数为 0.04%，PFR 质量百分数为 0.6%，改变聚合物质量百分数，配制一系列不同配方的聚合物冻胶待成胶液，取 70mL 密封在锥形瓶中，将其固定在振荡器中，在一定转速下进行振荡剪切成胶，每隔一段时间取出用 Brookfield DV-Ⅱ 黏度计测定冻胶体系的黏度，直至动态成胶过程结束，可求得稳定阶段的黏度值。由小到大逐渐增大剪切速率重复上述实验，直至测得冻胶体系在相近的两个剪切速率下，一个稳定阶段黏度略有增大，另一个稳定阶段黏度不增大，见图 3-15。

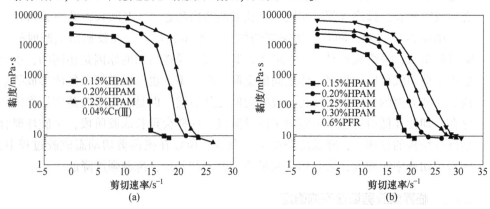

图 3-15　不同交联剂质量百分数下临界成胶剪切速率的确定

（a）铬冻胶；（b）酚醛树脂冻胶

由图 3-15 可知，稳定阶段冻胶的黏度值逐渐降低，当增大到一定值后，稳定阶段的黏度值小于初始阶段的黏度值，说明当剪切速率大于此剪切速率时，在振荡剪切动态成胶过程中聚合物冻胶待成胶液不能成胶，此时剪切速率为临界成胶剪切速率。同时可以看出，当剪切速率较小（小于 $12s^{-1}$）时，剪切速率的改变对稳定阶段的冻胶黏度影响较小；当剪切速率大于 $12s^{-1}$ 后，黏度值迅速降低；当剪切速率大于临界成胶剪切速率时，聚合物冻胶待成胶液不能成胶。聚合物质量百分数增大，稳定阶段黏度值增大，临界成胶剪切速率增大，见表 3-4。

表 3-4　聚合物冻胶振荡剪切动态成胶临界成胶剪切速率

序号	冻 胶 配 方	振荡剪切临界成胶剪切速率/s^{-1}	搅拌临界成胶剪切速率/s^{-1}
1	0.15%HPAM+0.04%Cr(Ⅲ)	14.65	11.38
2	0.2%HPAM+0.04%Cr(Ⅲ)	19.36	16.68
3	0.25%HPAM+0.04%Cr(Ⅲ)	21.98	20.48
4	0.15%HPAM+0.6%PFR	18.32	15.17
5	0.2%HPAM+0.6%PFR	21.98	20.48
6	0.25%HPAM+0.6%PFR	26.17	22.75
7	0.3%HPAM+0.6%PFR	27.21	24.27
8	0.2%HPAM+0.02%Cr(Ⅲ)	12.89	9.1
9	0.2%HPAM+0.06%Cr(Ⅲ)	23.55	22.75
10	0.2%HPAM+0.3%PFR	17.27	15.17
11	0.2%HPAM+0.9%PFR	26.17	22.75

3.2.2.2　不同交联剂用量下临界成胶剪切速率的确定

保持聚合物的质量百分数为 0.2%不变，改变交联剂的质量百分数，Cr(Ⅲ)质量百分数由 0.02%增大至 0.06%，PFR 质量百分数由 0.3%增大至 0.9%。改变交联剂质量百分数，配制不同配方的聚合物冻胶待成胶液，取 70mL 密封在锥形瓶中，将其固定在振荡器中，在一定转速下进行振荡剪切成胶，每隔一段时间取出用 Brookfield DV-Ⅱ黏度计测定冻胶体系的黏度，直至动态成胶过程结束，可求得稳定阶段的黏度值。由小到大逐渐增大剪切速率重复上述实验，直至测得冻胶体系在相近的两个剪切速率下，一个稳定阶段黏度略有增大，另一个稳定阶段黏度不增大，见图 3-16。

由图 3-16 可知，随着剪切速率的增大，稳定阶段黏度值先是变化不大，然后迅速降低直至不能成胶。当速率小于 $12s^{-1}$ 时，剪切速率的增大对稳定阶段的黏度值影响不大；当剪切速率大于 $12s^{-1}$ 时，剪切速率增大，稳定阶段黏度值迅

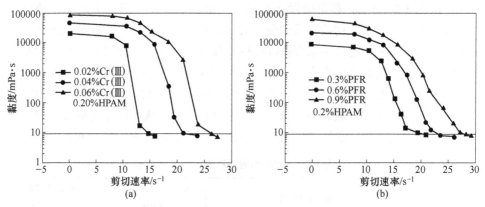

图 3-16　不同聚合物质量百分数下临界成胶剪切速率的确定
(a) 铬冻胶；(b) 酚醛树脂冻胶

速降低；大于临界成胶剪切速率后不成胶。交联剂质量百分数增大，临界成胶剪切速率增大，见表 3-4。

　　由表 3-4 可知，随着聚合物和交联剂质量百分数的增大，振荡剪切动态成胶临界成胶剪切速率增大，且酚醛树脂冻胶的临界成胶剪切速率大于铬冻胶的。这是由于聚合物和交联剂质量百分数增大，聚合物冻胶体系中的交联点数量增大，相互之间作用力增强，形成的空间结构致密，需要在更大的剪切速率下才能破坏形成的结构。同时，酚醛树脂冻胶的储能模量和损耗模量均大于铬冻胶的，说明酚醛树脂冻胶的强度高。由聚合物冻胶剪切应力随时间的变化可知，在相同剪切条件下酚醛树脂冻胶的屈服应力大于铬冻胶的，因此酚醛树脂冻胶的临界成胶剪切速率较大。对比振荡剪切和搅拌剪切下聚合物冻胶的临界成胶剪切速率可知，振荡剪切临界成胶剪切速率略大。这是由剪切模式造成的，搅拌剪切时搅拌桨直接作用于冻胶体系，除冻胶自身因速度差异造成的内剪切力外还有搅拌桨的物理剪切，所用搅拌剪切对聚合物冻胶造成的破坏更大，因此在应用聚合物冻胶时应尽量减少搅拌的过程。由此可知，为了减小机械剪切对聚合物冻胶动态成胶的影响，剪切速率需小于临界成胶剪切速率，最好在对聚合物冻胶稳定阶段黏度值变化不大的剪切速率范围内，搅拌剪切速率小于 $7s^{-1}$，振荡剪切速率小于 $12s^{-1}$，剪切时间需小于动态成胶的诱导期。

3.2.3　振荡剪切后静置成胶规律

　　搅拌剪切后静置聚合物冻胶成胶存在一定的规律，在剪切模式发生变化后，振荡剪切后静置聚合物冻胶成胶是否存在着同样的规律，两者之间存在多大的差异，研究振荡剪切后静置聚合物冻胶成胶规律是非常有必要的。不同剪切速率下聚合物冻胶振荡剪切动态成胶后黏度差异较大，尤其是在临界剪切速率两侧更是存在较大的差异，因此本章研究不同剪切速率下振荡剪切后静置聚合物冻胶成胶规律。

配制聚合物冻胶待成胶液，聚合物冻胶配方为 0.2%HPAM+0.04%Cr（Ⅲ）和 0.2%HPAM+0.6%PFR，取若干份 70mL 待成胶液进行振荡剪切动态成胶，剪切速率选取临界成胶剪切速率及其上下相近的两个剪切速率。在不同的剪切时间下将已剪切的冻胶体系静置于 75℃恒温水浴中，静置时间是聚合物冻胶体系在安瓿瓶内静态成胶的最终成胶时间，铬冻胶静置 0.67h，酚醛树脂冻胶静置 21h，然后用 Brookfield DV-Ⅱ 黏度计测定静置后冻胶体系的黏度，观察剪切时间与静置后黏度的关系，见图 3-17。

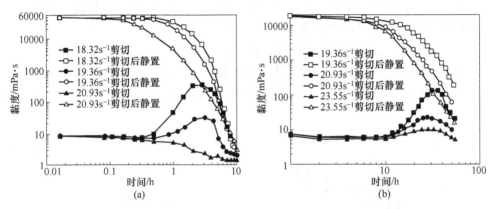

图 3-17　振荡剪切后静置成胶聚合物冻胶黏度随剪切时间的变化
（a）铬冻胶；（b）酚醛树脂冻胶

由图 3-17 可知，随着时间的延长，剪切速率等于或者小于临界成胶剪切速率时，振荡剪切动态成胶过程中冻胶体系的黏度经历了四个阶段；剪切速率大于临界成胶剪切速率时冻胶体系黏度不出现增大现象。而剪切后静置冻胶体系黏度在诱导阶段随时间延长基本不变，在成胶、稳定和下降阶段则是迅速降低，但剪切后静置成胶体系黏度始终大于剪切成胶黏度。这说明在振荡剪切后静态成胶过程中，剪切作用在诱导阶段对冻胶体系的黏度影响不大，而在成胶阶段对冻胶体系有较大的破坏作用。剪切后静置黏度在降低阶段随着剪切速率的增大降低的速度加快。这些规律与搅拌剪切后静置成胶规律相同，都是由于剪切对诱导阶段的结构单元影响较小，而对成胶阶段形成的网状结构有强烈的破坏作用。

由以上分析可知，搅拌剪切和振荡剪切成胶规律相类似，推测在其他复杂的机械剪切下聚合物冻胶的成胶规律应与这两类剪切成胶规律类似。通常情况下，聚合物冻胶在油田中应用时先在地面混合均匀，然后通过泵和管线进入地层中，在地层中成胶起到封堵作用。按照机械剪切下动态成胶规律，可优选注入速度以控制剪切速率小于临界成胶剪切速率和注入到地层的时间小于聚合物冻胶初始成胶时间。

3.2.4 振荡剪切后静置成胶黏弹性分析

聚合物冻胶具有一定的弹性和黏性，其力学行为介于弹性固体和黏性液体之间。剪切对聚合物冻胶体系动态成胶的影响除了可以用体系的黏度表征以外，还可以用体系的黏弹模量来表征。本章主要研究在不同剪切速率和不同剪切时间下聚合物冻胶所体现的黏弹性。

保持聚合物冻胶的配方不变，铬冻胶为 0.2%HPAM+0.04%Cr(Ⅲ)，酚醛树脂冻胶为 0.2%HPAM+0.6%PFR，配制聚合物冻胶待成胶液，取若干份 70mL 待成胶液密封在锥形瓶中，将其固定在振荡器中，在一定转速下进行振荡剪切成胶，每隔一段时间取出一份进行静置成胶。采用 Physica MCR301 流变仪对其进行频率扫描，扫描时固定剪切应力为 0.2Pa，实验持续至振荡剪切动态成胶过程结束。然后改变剪切速率重复上述实验，结果见图 3-18 和图 3-19。

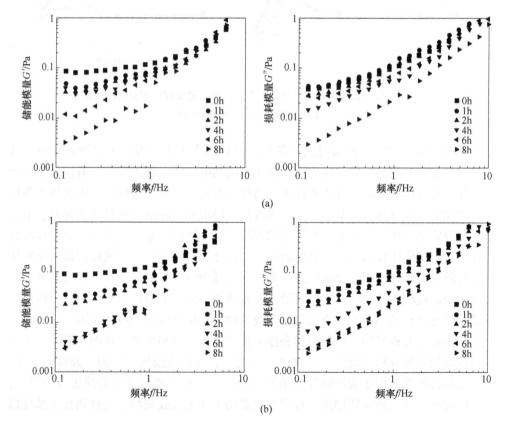

(a)

(b)

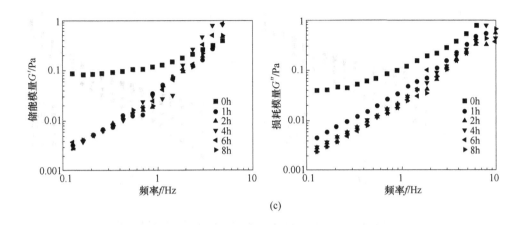

(c)

图 3-18 铬冻胶储能模量和损耗模量随频率变化

（a）剪切速率 18.32s⁻¹；（b）剪切速率 19.36s⁻¹；（c）剪切速率 20.93s⁻¹

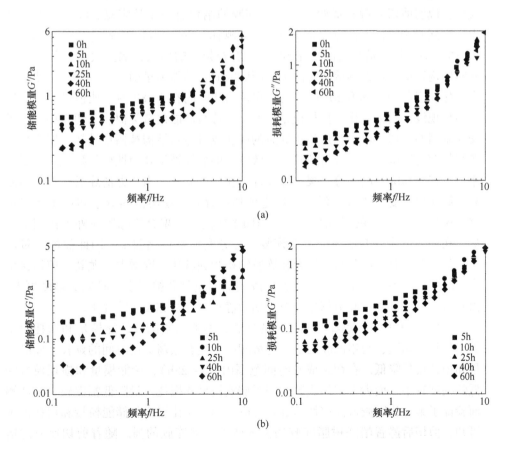

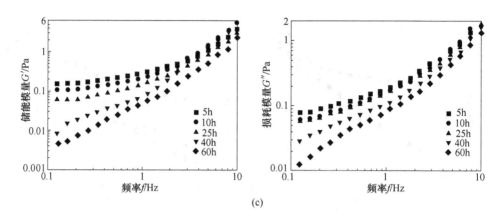

图 3-19　酚醛树脂冻胶储能模量和损耗模量随频率变化

（a）剪切速率 19.36s⁻¹；（b）剪切速率 20.93s⁻¹；（c）剪切速率 23.55s⁻¹

　　由图 3-18 可知，聚合物冻胶在三种剪切速率下均有一定的储能模量和损耗模量，说明剪切后静置成胶，聚合物冻胶的结构有一定的恢复。随着频率的增大，不同剪切时间下的储能模量变化规律不同。当剪切速率为 18.3s⁻¹ 和 19.36s⁻¹ 时，振荡剪切时间小于 6h 时，随着频率的增大，储能模量先是基本不变然后逐渐增加；振荡剪切时间为 6h 和 8h 时，储能模量随着频率增大呈线性增大变化。当剪切速率为 20.93s⁻¹ 时，振荡剪切时间在 1~8h 内储能模量随频率增大均呈现线性增大变化，损耗模量的变化趋势与储能模量类似。剪切作用干扰了交联基团的运移、取向和定位，冻胶的网状或者体状结构被撕扯破坏，聚合物分子间的缠绕度也被降低或者解除，导致体系的黏性模量和弹性模量降低。在低频率下，聚合物冻胶的大分子聚集体在外力作用下变形，当外力消除后变形松弛恢复，储能模量变化不大，低频率恒定剪切的存在，使溶液内分子间产生相对位移，做功，使得损耗模量增大[18]。当频率较高时，聚合物冻胶在外力作用下变形，在外力消除后变形还来不及恢复，部分变形被存储起来，因此储能模量增大。随着剪切时间的延长，聚合物冻胶结构受到破坏程度增大，尤其当剪切速率大于临界成胶剪切速率时，聚合物冻胶的储能模量和损耗模量降低的幅度更大。由此可验证，临界成胶剪切速率及剪切后静置聚合物冻胶成胶规律。

　　由图 3-19 可知，随着剪切频率的增大，酚醛树脂冻胶储能模量和损耗模量的变化趋势相同，与铬冻胶的变化趋势相同。随着振荡剪切时间的延长，储能模量和损耗模量降低。在初始成胶时间范围内（5~25h），储能模量和损耗模量降低的幅度较小，而大于初始成胶时间后储能模量和损耗模量降低幅度较大，从侧面验证了聚合物冻胶振荡剪切后静置成胶规律。对比铬冻胶储能模量和损耗模量可知，剪切后静置酚醛树脂冻胶的恢复能力比铬冻胶的强。随着剪切速率的增大，在相同剪切时间下铬冻胶储能模量和损耗模量降低，见图 3-20（a）。在相同剪切时间下随着剪切速率的增大酚醛树脂冻胶的储能模量和损耗模量降低，见图 3-20（b）。

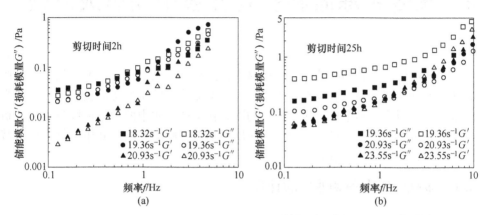

图 3-20　剪切速率对聚合物冻胶储能模量和损耗模量的影响
（a）铬冻胶；（b）酚醛树脂冻胶

由图 3-20 可知，随着剪切速率的增大，聚合物冻胶储能模量和损耗模量减小。这是由于剪切速率的增大，聚合物冻胶体系受到的剪切程度增大，体系结构破坏的越严重，强度降低。由图 3-20 可以看出，聚合物冻胶的储能模量大于损耗模量，说明经过静置成胶后的冻胶体系仍然是以弹性为主，反映出聚合物冻胶具有较好的剪切恢复能力。

3.3　小结

提出了临界成胶剪切速率的概念，并确定了机械剪切下聚合物冻胶的临界成胶剪切速率，随着聚合物和交联剂质量百分数增大，临界成胶剪切速率增大。相同聚合物质量百分数下铬冻胶临界成胶剪切速率小于酚醛树脂冻胶的，搅拌剪切的临界成胶剪切速率略小于振荡剪切的。

聚合物冻胶待成胶液剪切后静置成胶实验表明，当剪切作用在诱导阶段时，剪切对聚合物冻胶剪切后静置成胶黏度没有影响；作用在成胶阶段时，剪切对聚合物冻胶剪切后静置成胶黏度有影响，随着剪切时间和强度的增大，剪切后静置成胶黏度降低。

4 聚合物冻胶在多孔介质中动态成胶研究

注入地层后聚合物冻胶体系在运移成胶过程中受到多孔介质的剪切，其成胶时间、冻胶强度与静态成胶有较大的差异，不能简单的用静态成胶时间和冻胶强度来表征。因此，本章重点研究聚合物冻胶在多孔介质中的动态成胶过程，分析聚合物和交联剂用量、渗透率及注入速度对动态成胶的影响，并用微管模型代替多孔介质分析动态成胶过程。

4.1 多孔介质中剪切速率的计算

4.1.1 多孔介质中剪切速率公式推导

国内外很多学者对多孔介质中剪切速率公式作了近似推导，Savins 计算了牛顿流体在管壁上的剪切速率[110]。Jennings 计算了没有考虑毛细管迂曲情况下牛顿流体在管壁上的剪切速率[111]。Gogarty 将现有剪切速率公式通过实验数据校正从而计算剪切速率[112]。Camilleri 计算了没有考虑毛细管迂曲度和渗透率降低影响的黏均剪切速率[113]。假设地层是由一束等直径的毛细管组成，聚合物冻胶不可压缩，作稳定层流；毛细管充分长以致末端效应可忽略不计；不考虑重力作用，见图 4-1。

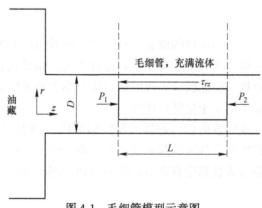

图 4-1 毛细管模型示意图

由图 4-1 可知：

$$\pi r^2 (P_1 - P_2) - 2\pi L \tau_{rz} = 0 \quad \text{或} \quad \tau_{rz} = \frac{\Delta P r}{2L} \tag{4-1}$$

对于幂律流体而言：

$$\tau = K\gamma^n = K\left(-\frac{dv}{dr}\right)^n \tag{4-2}$$

由式（4-1）和式（4-2）可知：

$$\gamma = -\frac{dv}{dr} = \left(\frac{\Delta Pr}{2KL}\right)^{1/n} \tag{4-3}$$

所以可得到距轴心 r 处的速度：

$$v(r) = \int_v^0 -dv = \int_0^R \left(\frac{\Delta Pr}{2KL}\right)^{1/n} dr = \frac{n}{n+1}\left(\frac{\Delta P}{2KL}\right)^{1/n}\left[R^{(n+1)/n} - r^{(n+1)/n}\right] \tag{4-4}$$

圆管中的流量 Q 为：

$$Q = \int_0^r v(r)2\pi r dr = \frac{n}{3n+1}\pi R^3 \left(\frac{\Delta PR}{2KL}\right)^{1/n} \tag{4-5}$$

圆管中的平均速率为

$$\bar{v} = \frac{Q}{\pi R^2} = \frac{n}{3n+1}\left(\frac{\Delta P}{2KL}\right)^{1/n} R^{(n+1)/n} \tag{4-6}$$

由式（4-3）可得管壁处的最大剪切速率为：

$$\gamma_{max} = \left(\frac{\Delta PR}{2KL}\right)^{1/n} \tag{4-7}$$

由式（4-6）和式（4-7）可得：

$$\gamma_{max} = \frac{n}{3n+1}\frac{\bar{v}}{R} \tag{4-8}$$

由此可得数均剪切速率为：

$$\gamma_{数} = \frac{1}{R}\int_0^R \gamma dr = \frac{n}{n+1}\left(\frac{\Delta PR}{2KL}\right)^{1/n} = \frac{3n+1}{n+1}\frac{\bar{v}}{R} \tag{4-9}$$

由哈根–泊肃叶公式可知：

$$q = \frac{\pi R^4}{8\mu L}\Delta P \tag{4-10}$$

在不考虑吸附的情况下，由达西公式可知，在横截面积为 A 的多孔介质中流量 Q 为：

$$Q = \frac{KA\Delta P}{\mu L} \tag{4-11}$$

假设横截面积为 A 的多孔介质中有 m 根毛细管，则整个横截面积为 A 的多孔介质总的流量为：

$$Q = mq \tag{4-12}$$

$$m = \frac{\phi}{\pi}\frac{AL}{R^2 l} \tag{4-13}$$

由式 (4-10) ~式 (4-13) 可得:

$$R = \left(\frac{8Kl^2}{\phi L^2}\right)^{1/2} = \left(\frac{8KC'}{\phi}\right)^{1/2} \tag{4-14}$$

式中, C'——与迁曲度有关的系数, 通常取值范围: 25/12~2.5。

由多孔介质中等效半径及平均速率为注入速度与孔隙度的比值可得多孔介质中的数均剪切速率为:

$$\gamma = \frac{3n+1}{n+1}\frac{10^4 v}{(8\phi KC')^{1/2}} \tag{4-15}$$

式中　γ——剪切速率, s^{-1};

　　n——流体的黏稠指数, $MPa \cdot s^n$;

　　v——注入线速度, cm/s;

　　C'——与迁曲度有关的系数, 通常取值范围: 25/12~2.5, 本章取上下限的平均值 2.29;

　　K——渗透率, μm^2;

　　ϕ——孔隙度。

因此, 计算多孔介质中剪切速率除了渗透率、孔隙度和注入速度外, 还需要聚合物冻胶的黏稠指数。

4.1.2 黏稠指数的计算

由幂律流体的性质可知, 要计算聚合物冻胶的黏稠指数, 需要知道剪切应力与剪切速率之间的关系, 采用 Physica MCR301 流变仪测定了聚合物冻胶剪切应力与剪切速率之间的关系, 见图 4-2 和图 4-3。

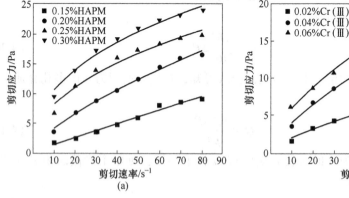
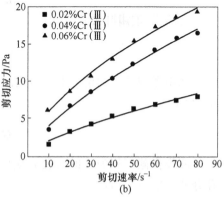

图 4-2　铬冻胶剪切应力和剪切速率的关系

(a) 0.04%Cr (Ⅲ); (b) 0.2%HPAM

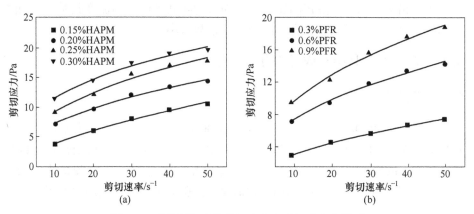

图 4-3 酚醛树脂冻胶剪切应力和剪切速率的关系

(a) 0.6%PFR；(b) 0.2%HPAM

在一定剪切速率范围内剪切应力随着剪切速率的增大而增大，从图 4-2、图 4-3 中可以看出聚合物冻胶符合幂律流体的一般规律，其黏稠指数可通过图 4-2 和图 4-3 拟合，见表 4-1。

表 4-1 聚合物溶液和聚合物冻胶黏稠指数

聚合物溶液和聚合物冻胶体系	$n/\text{MPa} \cdot \text{s}^n$
0.15%HPAM	0.97
0.2%HPAM	0.86
0.25%HPAM	0.82
0.3%HPAM	0.73
0.15%HPAM+0.04%Cr(Ⅲ)	0.91
0.2%HPAM+0.04%Cr(Ⅲ)	0.70
0.25%HPAM+0.04%Cr(Ⅲ)	0.45
0.3%HPAM+0.04%Cr(Ⅲ)	0.41
0.2%HPAM+0.02%Cr(Ⅲ)	0.71
0.2%HPAM+0.06%Cr(Ⅲ)	0.59
0.15%HPAM+0.6%PFR	0.64
0.2%HPAM+0.6%PFR	0.44
0.25%HPAM+0.6%PFR	0.43
0.3%HPAM+0.6%PFR	0.35
0.2%HPAM+0.3%PFR	0.57
0.2%HPAM+0.9%PFR	0.44

由表 4-1 可知，随着聚合物质量百分数的增大，聚合物溶液的流变指数减

小，无机铬交联剂和酚醛树脂交联剂的加入均降低了体系的流变指数，且随着交联剂质量百分数的增大，聚合物冻胶流变指数减小。

4.2　多孔介质中动态成胶分析

4.2.1　铬冻胶

将 $\phi 2.5$cm×100cm 填砂管岩心 ad（在 30cm 和 70cm 处有测压点 b 和 c）饱和水后放入 75℃ 恒温箱，稳定砂体，测得渗透率为 5.69μm²，孔隙体积为 177mL。然后以 0.5mL/min 的注入速度将置于常温下中间容器中的铬冻胶待成胶液注入岩心中，配方为 0.2%HPAM+0.04%Cr（Ⅲ），观察注入端压差随时间的变化，见图 4-4。

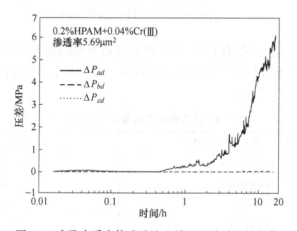

图 4-4　多孔介质中铬冻胶注入端压差随时间的变化

由图 4-4 可知，随着时间的延长，注入端压差 ΔP_{ad} 先是基本不变，然后迅速增大，说明冻胶经历了诱导阶段和成胶阶段。诱导阶段聚合物分子上羧基和多核羟桥络离子反应生成独立的结构单元，彼此之间未发生交联形成更大的聚集体，冻胶待成胶液黏度未明显增加，宏观上表现为注入端压差不变。结构单元和聚合物分子流经岩心喉道时受挤压变形，产生一定的弹性，需要在一定的压差下才能通过[114]，因此在诱导阶段存在着一定的压差。在成胶阶段，体系中形成的结构单元彼此发生交联形成体积更大的聚集体，黏度增大，注入端压差开始升高，在此阶段影响冻胶黏度的主要因素有交联反应作用和剪切破碎作用，前者可以增强冻胶的三维网状结构而增加体系的黏度，而后者则破坏网状结构而降低体系的黏度。在多孔介质剪切作用下，当铬冻胶尺寸随时间增大到其内聚力被剪切力克服时，冻胶被剪切破坏形成分散的冻胶颗粒，而不能成为整体冻胶[55,96]。冻胶颗粒滞留在多孔介质孔喉处对后续注入的冻胶待成胶液有封堵作用，导致压差升高。由于持续注入冻胶待成胶液，形成的冻胶颗粒越来越多，压差持续增大。实验证实，填砂管出口端产出液黏度与配制用水相当，说明聚合物被交联形成冻胶颗粒滞留在多孔介质中，产出液为冻胶内的束缚水，因冻胶被剪切破坏，束缚水变为自由水流出[115]。ΔP_{bd} 和 ΔP_{cd} 未发生明显变化，说明动态成胶时形成的铬冻胶颗粒主要吸附和滞留在填砂管岩心前端，未发生有效的运移。在多孔介质中冻胶静态成胶时，交联反应生成分子间或颗粒间新键时，不存在剪切，冻胶尺寸随反应时间延长而不断增大，最终形成整体冻胶；但在剪切条件下，当冻胶尺寸随时间增大到其内聚力被剪切力克服时，网状结构将被剪切力破坏，得到的是分散的冻胶颗粒而不是整体冻胶[54]，见图4-5。

S4800 5.0kV 13.5mm×45 SE(M)　　1.00mm　　　　S4800 5.0kV 11.9mm×100 SE(M)　　500μm

(a)　　　　　　　　　　　　　　(b)

图4-5　铬冻胶多孔介质中动态成胶前后微观形貌

（a）实验前多孔介质；（b）实验后多孔介质

由图4-5可知，铬冻胶在多孔介质动态成胶后形成的是分散的冻胶颗粒，而不是整体冻胶，在较高的放大倍数下并未发现铬冻胶的簇状整体结构。这些冻胶颗粒主要是在多孔介质表面吸附及在较小的孔喉处相互聚集，从而减小多孔介质的渗流通道，起到封堵作用。与铬冻胶在多孔介质中静态成胶相比，在多孔介质中动态成胶后冻胶颗粒主要的存在形式是捕集。

4.2.2　酚醛树脂冻胶

酚醛树脂冻胶成胶时间较长，若冻胶流出多孔介质仍未成胶，将不能准确地反映冻胶在多孔介质中的成胶情况，因此本章采用循环流动装置，见图4-6。

将放置在75℃恒温箱中的填砂管岩心和放置在常温下的两个中间容器连接，使酚醛树脂冻胶待成胶液在其中循环流动，从而确定冻胶在多孔介质中的动态成胶过程，具体实验步骤如下：

（1）制备填砂管模型 ad（φ2.5cm×100cm），饱和水，稳定砂体，测渗透率

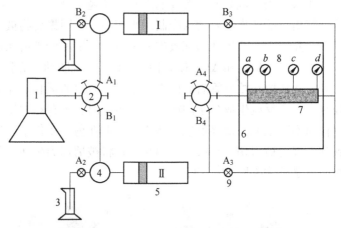

图 4-6　多孔介质中动态成胶实验装置图

1—恒压恒速泵；2—六通阀；3—量筒；4—三通阀；5—中间容器；

6—75℃恒温箱；7—填砂管；8—压力表；9—阀门

及孔隙体积；

（2）将填砂管放入 75℃恒温箱中，同时在中间容器 I 和 II 中放入 $1.5V_p$ 聚合物冻胶待成胶液（$0.5V_p$ 待成胶液作为保护段塞）。

（3）将中间容器 I 和填砂管连接在一起，开启恒压恒速泵，将中间容器 I 中 $1V_p$ 的冻胶待成胶液注入到填砂管中，停泵，将中间容器 I 、II 和填砂管连接在一起，形成闭合回路。

（4）关掉阀门 $A_1 \sim A_4$，开启阀门 $B_1 \sim B_4$，重新启动恒压恒速泵，液体依次流经恒压恒速泵、阀门 B_1、三通阀、中间容器 II、阀门 B_4、填砂管、阀门 B3、中间容器 I、阀门 B_2，最后流至量筒中。将中间容器 II 中 $1V_p$ 的冻胶待成胶液驱替到填砂管中，而从填砂管中流出的 $1V_p$ 冻胶待成胶液流回到中间容器 I 中。

（5）关掉阀门 $B_1 \sim B_4$，开启阀门 $A_1 \sim A_4$，此时液体依次流经恒压恒速泵、阀门 A_1、三通阀、中间容器 I、阀门 A_4、填砂管、阀门 A_3、中间容器 II、阀门 A_2，最后流至量筒中。将中间容器 I 中 $1V_p$ 的冻胶待成胶液驱替到填砂管中，而从填砂管中流出的 $1V_p$ 冻胶待成胶液流回到中间容器 II 中。

（6）由步骤（4）和（5）组成了一次循环流动，分别使中间容器 I 和 II 中 $1V_p$ 的冻胶待成胶液流经了填砂管岩心，共计有 $2V_p$ 的冻胶待成胶液在填砂管中交替流动，实现循环。重复步骤（4）和（5）直至驱替压差不再发生变化。

酚醛树脂冻胶配方为 0.2%HPAM+0.3%PFR，渗透率为 7.07μm^2，注入速度为 0.5mL/min。记录压差随时间的变化，见图 4-7。

由图 4-7 可知，随着时间的延长，多孔介质中动态成胶进口压差 ΔP_{ad} 先是

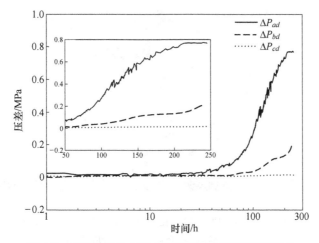

图 4-7　多孔介质中 PFR 冻胶驱替压差随时间的变化

基本不变,接着迅速增大,最后趋于稳定,说明在动态成胶过程中酚醛树脂冻胶经历了诱导阶段、成胶阶段和稳定阶段。与铬冻胶在多孔介质中动态成胶相比多了稳定阶段,这是由于铬冻胶待成胶液是持续注入,而酚醛树脂冻胶待成胶液是 $2V_p$ 循环交替注入,待成胶液完全成胶后注入压差将不变。压差 ΔP_{bd} 有明显的增大,但是增大的幅度较小,且开始增大的时刻明显滞后于注入端压差 ΔP_{ad}。压差 ΔP_{cd} 未发生变化,说明酚醛树脂冻胶在多孔介质中动态成胶时能发生运移,在深部产生封堵,但是不能运移至填砂管末端。与铬冻胶相比,酚醛树脂冻胶有较强的深部运移能力,可实现深部封堵。诱导阶段,独立的结构单元未形成较大的聚集体,宏观上表现为压差基本不变;成胶阶段,与铬冻胶成胶相似,聚合物冻胶受到两种作用力:交联反应作用和剪切破碎作用。在多孔介质剪切作用下,当酚醛树脂冻胶尺寸随时间增大到其内聚力被剪切力克服时,冻胶颗粒被剪切破坏,形成分散的冻胶颗粒体系,而不能成为整体冻胶,见图 4-8。冻胶颗粒滞留在多孔介质孔喉处对后续注入的冻胶待成胶液有封堵作用,导致压差升高。

由图 4-8 可知,酚醛树脂冻胶在多孔介质动态成胶后微观形貌与铬冻胶相似,是分散的冻胶颗粒,而不是整体冻胶,在较高的放大倍数下并未发现酚醛树脂冻胶的网状整体结构。这些冻胶颗粒主要是在较小的孔喉处相互聚集及在多孔介质表面吸附,从而减小多孔介质的渗流通道,起到封堵作用。与酚醛树脂冻胶在多孔介质中静态成胶相比,在多孔介质中动态成胶后冻胶颗粒主要的存在形式是捕集。

酚醛树脂冻胶动态成胶实验结束后取出中间容器中的产物,测定黏度,见表 4-2。

图 4-8   酚醛树脂冻胶多孔介质中动态成胶前后微观形貌

（a）实验前多孔介质；（b）实验后多孔介质

表 4-2   多孔介质中动态成胶后 PFR 冻胶产出液黏度

HPAM/%	PFR/%	速度/mL·min⁻¹	$K/\mu m^2$	黏度/mPa·s
0.15	0.6	0.5	7.22	2.1
0.2	0.6	0.5	8.08	3.7
0.25	0.6	0.5	8.28	6.3
0.3	0.6	0.5	8.99	4.2
0.2	0.3	0.5	7.07	5.7
0.2	0.9	0.5	8.49	1.6
0.2	0.6	0.125	4.53	3.1
0.2	0.6	0.25	5.67	3.3
0.2	0.6	0.75	6.68	3.4
0.2	0.6	1	5.96	2.3
0.2	0.6	1.5	6.13	5.8
0.2	0.6	2	5.22	3.5
0.2	0.6	0.5	0.55	3.9
0.2	0.6	0.5	2.13	3.2
0.2	0.6	0.5	13.58	3.7

由表 4-2 可知，多孔介质中动态成胶后中间容器中产物黏度非常低，比初始聚合物冻胶待成胶液黏度低。这证实了聚合物分子被交联形成冻胶，但在多孔介质的剪切作用下形成冻胶颗粒，冻胶颗粒在多孔介质中吸附、运移，使得驱替压差保持逐渐增加的趋势。而中间容器中的产物为冻胶内的束缚水，因冻胶被剪切

破坏，束缚水变为自由水流出。由此可知，酚醛树脂冻胶在多孔介质中动态成胶后的产物为冻胶颗粒和自由水。

4.3 多孔介质中动态成胶影响因素

除了聚合物冻胶自身的性质外，影响多孔介质中聚合物冻胶动态成胶的因素很多，如渗透率、注入速度、温度、地层水矿化度等，本章主要考察聚合物、交联剂用量、渗透率和注入速度对多孔介质动态成胶的影响。

4.3.1 聚合物、交联剂用量

4.3.1.1 聚合物用量对铬冻胶动态成胶的影响

保持交联剂 Cr（Ⅲ）质量百分数为 0.04% 不变，聚合物的质量百分数为 0.15%，0.2%，0.25%，0.3%。配制不同聚合物质量百分数的冻胶待成胶液体系，按照铬冻胶动态成胶的方法进行实验，注入速度为 0.5mL/min，记录压差随时间的变化关系，见图 4-9。

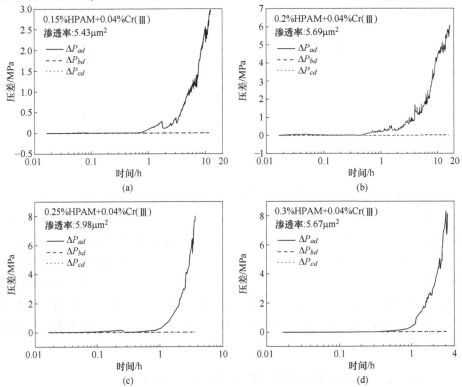

图 4-9　不同聚合物质量百分数下铬冻胶在多孔介质中动态成胶过程
（a）0.15%HPAM；（b）0.2%HPAM；（c）0.25%HPAM；（d）0.3%HPAM

由图 4-9 可知，不同聚合物质量百分数下动态成胶过程所用的填砂管岩心渗透率在 4.8~6μm² 之间，随着时间的延长，铬冻胶待成胶液注入压差先是基本不变，然后迅速增大，不同聚合物质量百分数的 ΔP_{bd} 和 ΔP_{cd} 基本没有发生变化，说明铬冻胶动态成胶时形成的冻胶颗粒主要集中在注入端，并没有在填砂管岩心中发生运移，反映出铬冻胶在填砂管中的运移能力较差。铬冻胶在多孔介质中动态成胶时较难发生运移，压差 ΔP_{bd} 和 ΔP_{cd} 较小，因此采用进口压差表征冻胶在多孔介质中的动态成胶情况。多孔介质中聚合物冻胶的动态初始成胶时间是指冻胶待成胶液在流动过程中发生反应、黏度开始大幅度增加的时间[68]，在图中表示为进口压差曲线上的拐点，也是动态成胶过程中诱导阶段和成胶阶段的分界点。多孔介质中动态成胶后聚合物冻胶强度可近似用达西公式计算黏度来表征。聚合物质量百分数对铬冻胶动态成胶的影响见图 4-10。

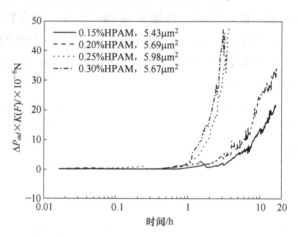

图 4-10　聚合物质量百分数对多孔介质中铬冻胶动态成胶的影响

由图 4-10 可知，为了消除渗透率的影响，将 $\Delta P_{ad} \times K$ 作为一个变量，定义 $F = \Delta P_{ad} \times K$ 为流体在多孔介质流动时承受的渗流阻力，ΔP_{ad} 为聚合物冻胶待成胶液在注入多孔介质中时的压差，K 是指填砂管岩心的水测渗透率。由定义可知，F 的单位为 N。随着聚合物质量百分数的增大，初始成胶时间缩短。成胶阶段的斜率可反映交联反应的速率，随着聚合物质量百分数的增大，体系中的交联点增多，在相同的剪切条件下成胶时间缩短，反应速率加快，冻胶强度增大。不同聚合物质量百分数下多孔介质中动态初始成胶时间与单倍孔隙体积下聚合物冻胶的黏度见表 4-3。

4.3.1.2　交联剂用量对铬冻胶动态成胶的影响

保持聚合物 HPAM 质量百分数为 0.2% 不变，交联剂 Cr(Ⅲ) 的质量百分数为 0.02%，0.04% 和 0.06%。配制不同交联剂质量百分数的冻胶待成胶液体系，按照铬冻胶动态成胶的方法进行实验，注入速度为 0.5mL/min，记录压差随时间的变化关系，见图 4-11。

表 4-3　铬冻胶在多孔介质中动态初始成胶时间和黏度

HPAM /%	Cr(Ⅲ) /%	安瓿瓶内 静态成胶时间/h		多孔介质中 静态成胶时间/h		多孔介质中 动态成胶时间/h	单倍 V_p 黏度/mPa·s
		IGT	FGT	IGT	FGT	IGT	
0.15	0.04	0.58	0.83	1.67	4.17	3.32	459.76
0.2	0.04	0.33	0.67	1.00	3.83	2.31	711.20
0.25	0.04	0.25	0.50	0.75	3.50	1.45	4618.56
0.3	0.04	0.17	0.42	0.50	3.17	1.03	5069.11
0.2	0.02	0.67	1.17	2.00	5.83	3.66	372.82
0.2	0.06	0.17	0.42	0.42	2.00	0.97	2544.76

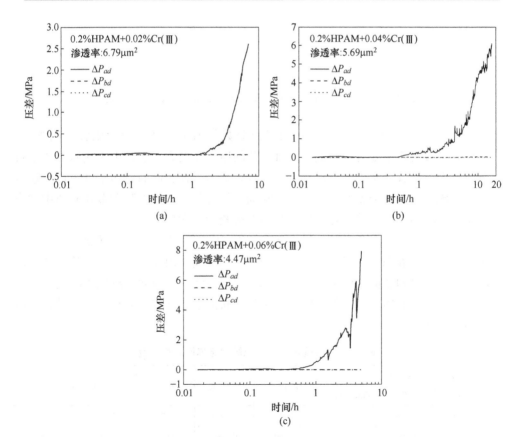

图 4-11　不同交联剂质量百分数下铬冻胶在多孔介质中动态成胶过程

(a) 0.02%Cr(Ⅲ)；(b) 0.04%Cr(Ⅲ)；(c) 0.06%Cr(Ⅲ)

由图 4-11 可知，不同交联剂质量百分数下铬冻胶动态成胶所用填砂管渗透率在 4.4~6.8μm² 之间，不同交联剂质量百分数下铬冻胶在多孔介质中动态成胶规律相同，注入端压差在诱导阶段基本不变，在成胶阶段迅速增大，且 ΔP_{bd} 和 ΔP_{cd} 随时间基本不变，说明不同交联剂质量百分数下铬冻胶动态成胶后在多孔介质中没有发生运移，主要在注入端产生封堵作用，同时也反映出铬冻胶在多孔介质中运移能力较差，交联剂质量百分数对多孔介质中动态成胶的影响见图 4-12。

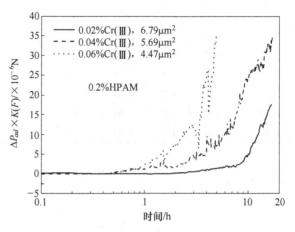

图 4-12   交联剂质量百分数对多孔介质中铬冻胶动态成胶的影响

由图 4-12 可知，随着交联剂质量百分数的增大，动态初始成胶时间缩短，且成胶阶段的斜率随着交联剂质量百分数的增大而增大。这是由于交联剂质量百分数增大。冻胶体系中多核羟桥络离子数量增多，在相同的剪切条件下成胶速度变快，成胶后冻胶强度增大。不同交联剂质量百分数下铬冻胶在多孔介质中动态初始成胶时间及注入单倍孔隙体积时动态成胶后黏度见表 4-3。

由表 4-3 可知，铬冻胶在多孔介质中动态成胶初始成胶时间远比在安瓿瓶内和多孔介质中静态初始成胶时间长，分别是在安瓿瓶内和多孔介质中静态初始成胶时间的 6 倍和 2 倍。由于铬冻胶待成胶液持续注入，因此最终成胶时间无法确定。根据式（4-15）可求得不同聚合物和交联剂下铬冻胶在多孔介质中动态成胶时的剪切速率，见表 4-4。

表 4-4   多孔介质中动态成胶时铬冻胶的剪切速率

HPAM /%	Cr(Ⅲ) /%	速度 /mL·min⁻¹	$K/\mu m^2$	孔隙度	n 值	迂曲度	剪切速率/s⁻¹
0.15	0.04	0.5	5.43	0.365	0.91	2.29	5.60
0.2	0.04	0.5	5.69	0.361	0.7	2.29	5.47
0.25	0.04	0.5	5.98	0.368	0.45	2.29	4.33

HPAM /%	Cr(Ⅲ) /%	速度 /mL·min⁻¹	$K/\mu m^2$	孔隙度	n 值	迂曲度	剪切速率/s⁻¹
0.3	0.04	0.5	5.67	0.366	0.41	2.29	4.35
0.2	0.02	0.5	6.79	0.371	0.71	2.29	4.57
0.2	0.06	0.5	4.47	0.36	0.59	2.29	5.45

由表 4-4 可知，多孔介质中铬冻胶动态成胶过程中存在着一定的剪切速率，延长了动态成胶时间，降低了冻胶体系的黏度。因此在多孔介质中动态成胶时间比在安瓿瓶内和多孔介质中静态成胶时间长。

4.3.1.3   聚合物用量对酚醛树脂冻胶动态成胶影响

保持酚醛树脂交联剂质量百分数 0.6% 不变，聚合物的质量百分数为 0.15%，0.2%，0.25%，0.3%。配制不同聚合物质量百分数的冻胶待成胶液体系，按照酚醛树脂冻胶动态成胶的方法进行实验，注入速度为 0.5mL/min，记录压差随时间的变化关系，见图 4-13。

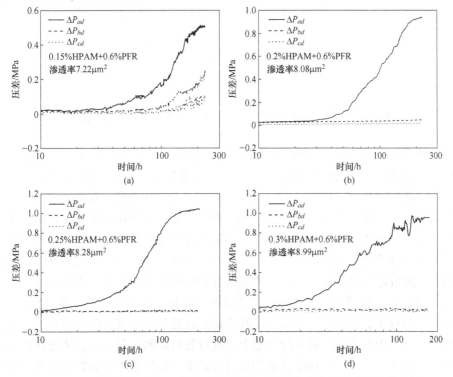

图 4-13   不同聚合物质量百分数下酚醛树脂冻胶在多孔介质中动态成胶过程
（a）0.15%HPAM；（b）0.2%HPAM；（c）0.25%HPAM；（d）0.3%HPAM

由图 4-13 可知，不同聚合物质量百分数下酚醛树脂冻胶动态成胶所用填砂管岩心渗透率在 7.22~8.99μm² 之间。随着时间的延长，注入端压差 ΔP_{ad} 经历了诱导阶段、成胶阶段和稳定阶段，比铬冻胶动态成胶多了稳定阶段。ΔP_{bd} 和 ΔP_{cd} 在聚合物质量百分数较小时可随着时间的延长而增大，在聚合物质量百分数较大时，没有明显的变化。这说明聚合物质量百分数越大，酚醛树脂冻胶在多孔介质中运移难度越大。当交联剂酚醛树脂质量百分数为 0.6% 时、聚合物质量百分数小于 0.25% 时，ΔP_{bd} 随着时间的延长有一定的变化，酚醛树脂冻胶动态成胶时可在多孔介质中运移。用注入端压差 ΔP_{ad} 随时间的变化表征酚醛树脂冻胶动态成胶过程，聚合物质量百分数对酚醛树脂冻胶在多孔介质中动态成胶过程的影响，见图 4-14。

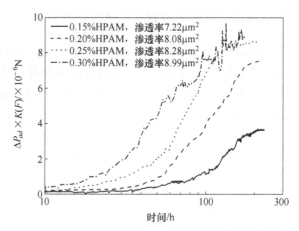

图 4-14　聚合物质量百分数对多孔介质中酚醛树脂冻胶动态成胶的影响

由图 4-14 可知，随着聚合物质量百分数的增大，体系中交联点增多，在相同的剪切条件下动态成胶时间缩短，冻胶强度增大，在图 4-14 中反映为曲线出现拐点的时间提前，渗流阻力 F 增大。由多孔介质中酚醛树脂冻胶动态成胶的实验方法可知，在整个循环过程中有 $2V_p$ 聚合物冻胶待成胶液在多孔介质中循环交替注入，当其中 $1V_p$ 冻胶待成胶液在 75℃ 多孔介质中流动时，另外 $1V_p$ 冻胶待成胶液则处于常温（20~30℃）下的中间容器中。将配方为 0.2%HPAM+0.6%PFR，初始黏度值为 8.4mPa·s 的冻胶待成胶液静置于常温下 30d 后的黏度值为 10.9mPa·s，说明酚醛树脂冻胶在常温下不成胶。由此可知，在整个多孔介质动态成胶过程中，在一半的时间内冻胶待成胶液是处于不成胶的常温状态下的，因此多孔介质中动态成胶时间应为整个成胶过程时间的二分之一。通过多孔介质中动态成胶实验，得到不同聚合物质量百分数下酚醛树脂冻胶成胶时间及单倍孔隙体积下冻胶的黏度，见表 4-5。

表4-5 动态成胶时间与黏度

HPAM /%	PFR /%	瓶内静态成胶		多孔介质静态成胶		多孔介质动态成胶		单倍 V_p 黏度 /mPa·s
		IGT/h	FGT/h	IGT/h	FGT/h	IGT/h	FGT/h	
0.15	0.6	14	27	25	45	40	105	107.69
0.2	0.6	12	21	17	40	22	95	223.03
0.25	0.6	9	16.5	10	29	20	80	253.66
0.3	0.6	7	14.4	8	23	14	46	262.52
0.2	0.3	14.3	30	20	45	35	106	161.84
0.2	0.9	9.5	18	10	35	20	80	283.60

4.3.1.4 交联剂用量对酚醛树脂冻胶动态成胶影响

保持聚合物 HPAM 质量百分数 0.2%不变，酚醛树脂质量百分数为 0.3%，0.6%和0.9%。配制不同酚醛树脂质量百分数的冻胶待成胶液体系，按照酚醛树脂冻胶动态成胶的实验方法进行实验，注入速度为 0.5mL/min，记录压差随时间的变化关系，见图 4-15。

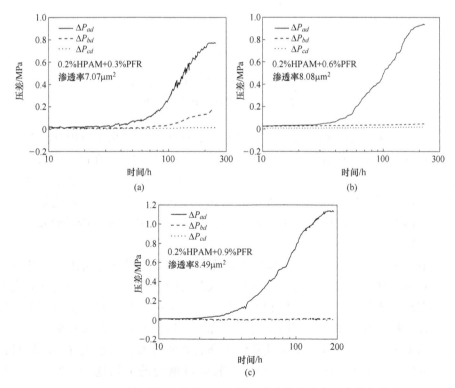

图 4-15 不同交联剂质量百分数下酚醛树脂冻胶在多孔介质中动态成胶过程

(a) 0.3%PFR；(b) 0.6%PFR；(c) 0.9%PFR

　　由图 4-15 可知，不同交联剂质量百分数下酚醛树脂冻胶动态成胶所用填砂管岩心渗透率在 7~8.5μm² 之间。注入端压差随着时间的延长先是基本不变，然后迅速增加最后趋于稳定，比铬冻胶动态成胶多了稳定阶段。压差 ΔP_{bd} 的变化受到交联剂质量百分数的影响，当交联剂质量百分数在 0.3%~0.6% 之间时，ΔP_{bd} 随时间的延长有一定的增大；当交联剂质量百分数在 0.6%~0.9% 之间时，ΔP_{bd} 没有变化。ΔP_{cd} 则一直没有发生明显的变化。这说明交联剂质量百分数越大，酚醛树脂冻胶在多孔介质中运移难度越大。交联剂质量百分数对酚醛树脂冻胶在多孔介质中动态成胶过程的影响，见图 4-16。

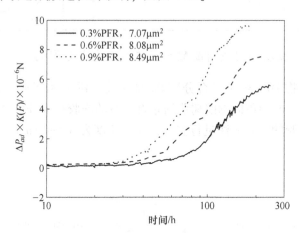

图 4-16　交联剂质量百分数对酚醛树脂冻胶
在多孔介质中动态成胶的影响

　　由图 4-16 可知，随着交联剂质量百分数的增大，多孔介质中动态初始成胶时间和最终成胶时间缩短，成胶速率变快，冻胶强度增大，在曲线上表现为出现拐点的时间提前，稳定时渗流阻力 F 增大。交联剂质量百分数增大，体系中的羟甲基数量增多，在相同剪切条件下成胶速率增大，成胶后冻胶强度增大。由图 4-16 可得不同交联剂质量百分数下酚醛树脂冻胶动态成胶的成胶时间及单位孔隙体积下黏度，见表 4-5。

　　由表 4-5 可知，酚醛树脂冻胶在多孔介质中动态成胶时间比在安瓿瓶内和多孔介质中静态成胶时间长，动态初始成胶时间分别是在安瓿瓶内和多孔介质中静态初始成胶时间的 2.2 倍和 1.7 倍。动态最终成胶时间分别是在安瓿瓶内和多孔介质中静态最终成胶时间的 4 倍和 2.5 倍。随着聚合物和交联剂质量百分数的增大，动态成胶后单位孔隙体积冻胶黏度增大。根据式（4-15）可以求得酚醛树脂冻胶在多孔介质中动态成胶时所承受的剪切速率[110, 113, 116, 117]，见表 4-6。

表 4-6 多孔介质中动态成胶时酚醛树脂冻胶的剪切速率

HPAM /%	PFR /%	速度 /mL·min^{-1}	$K/\mu m^2$	孔隙度	n 值	迂曲度	剪切速率 /s^{-1}
0.2	0.3	0.5	7.07	0.352	0.573	2.29	4.34
0.2	0.6	0.5	8.08	0.367	0.440	2.29	3.71
0.2	0.9	0.5	8.48	0.371	0.445	2.29	3.61
0.15	0.6	0.5	7.22	0.353	0.645	2.29	4.43
0.25	0.6	0.5	8.28	0.369	0.427	2.29	3.63
0.3	0.6	0.5	8.99	0.373	0.346	2.29	3.28

由表 4-6 可知，多孔介质中 PFR 冻胶动态成胶过程中存在着一定的剪切速率，在酚醛树脂冻胶成胶过程中存在着两种作用，一是有利于形成网状结构的交联作用，一是破坏网络结构的剪切作用，与静态成胶相比多了剪切破坏作用，因此在多孔介质中动态成胶时间比安瓿瓶内和多孔介质中静态成胶时间长。由此可知，在聚合物冻胶应用时，为减小剪切对成胶的影响，最好是将聚合物冻胶待成胶液注入时间控制在动态成胶诱导期所需时间，并关井一段时间，关井时间最少为多孔介质中静态成胶成胶阶段所需时间。

4.3.2 渗透率

4.3.2.1 渗透率对铬冻胶在多孔介质中动态成胶的影响

根据 Carman-Kozeny 公式给出的渗透率与孔喉大小的关系[118]，渗透率越大，孔喉尺寸越大，在相同作用下越有利于流体的流动。在相同渗透率条件下，分子量大的流体注入压差高，岩心渗透率越小，筛网系数和黏度的损失越大[119]。用不同目数的玻璃微球填制不同渗透率的填砂管岩心，渗透率依次为 0.35μm^2，2.62μm^2，5.69μm^2 和 16.48μm^2。根据铬冻胶在多孔介质中动态成胶实验方法，考察渗透率对多孔介质中动态成胶的影响，保持注入速度 0.5mL/min 不变，配方为 0.2%HPAM+0.04%Cr(Ⅲ)，见图 4-17。

由图 4-17 可知，随着时间的延长，不同渗透率下 ΔP_{ad} 的变化趋势相同，先是基本不变然后迅速增大，且随着渗透率降低，压差增长的时间提前。这是由于两方面的原因，一是铬冻胶结构单元开始交联，形成较大的聚集体；二是渗透率降低，孔喉半径减小，冻胶体系中的大分子结构，如聚合物分子和结构单元，在通过孔喉时承受更大的渗流阻力，因此压差增长的时间提

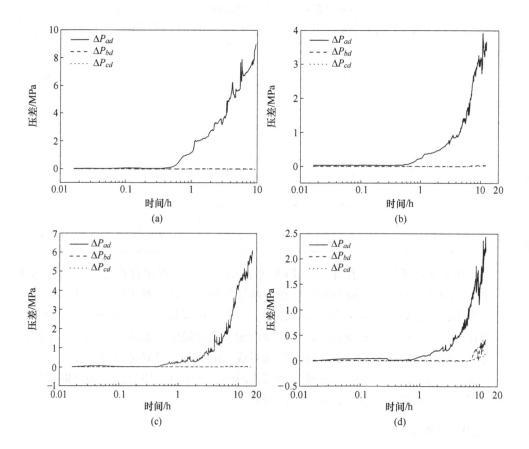

图 4-17 不同渗透率下铬冻胶在多孔介质中动态成胶过程

（a）渗透率 0.35μm²；（b）渗透率 2.62μm²；（c）渗透率 5.69μm²；（d）渗透率 16.48μm²

前。由此可知，根据压差随时间的变化来确定多孔介质中动态初始成胶时间将存在一定的误差，可根据冻胶在多孔介质中动态成胶后黏度值随时间的变化来确定初始成胶时间。ΔP_{bd} 和 ΔP_{cd} 在渗透率较低时随着时间没有发生变化，说明铬冻胶动态成胶时主要发生在注入端。但是，当渗透率为 16.48μm² 时，ΔP_{bd} 和 ΔP_{cd} 均出现了不同程度的增大，说明当渗透率大到一定值后铬冻胶动态成胶时也可在多孔介质中运移。用注入端压差计算动态成胶后冻胶黏度来表征铬冻胶在多孔介质中动态成胶过程，考察渗透率对铬冻胶动态成胶的影响，见图 4-18。

由图 4-18 可知，随着时间的延长，不同渗透率条件下铬冻胶动态成胶过程中，冻胶的黏度先是基本不变然后迅速增大，初始成胶时间随着渗透率增大而略微缩短，见表 4-7。

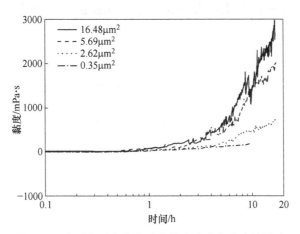

图 4-18　渗透率对多孔介质中铬冻胶动态成胶的影响

表 4-7　不同渗透率下铬冻胶动态成胶初始成胶时间及冻胶的黏度

序号	渗透率/μm²	注入速度 /mL·min⁻¹	初始成胶 时间/h	注入孔隙 体积倍数	单倍 V_p 黏度 /mPa·s
1	0.35		2.98	1.62	114.07
2	2.62	0.5	2.62	2.82	259.36
3	5.69		2.31	2.86	711.20
4	16.48		1.96	2.73	983.49

由表 4-7 可知，随着渗透率的增大，铬冻胶在多孔介质中动态初始成胶时间缩短。根据式（4-15）可求得不同渗透率下铬冻胶在多孔介质中动态成胶的剪切速率，见表 4-8。由表 4-8 可知，渗透率增大，在相同注入速度下剪切速率减小，当渗透率由 $0.35\mu m^2$ 增加到 $16.48\mu m^2$ 时，剪切速率由 $20.18s^{-1}$ 减小到 $2.94s^{-1}$，在相同的成胶条件下动态初始成胶时间缩短。

表 4-8　多孔介质中动态成胶时铬冻胶的剪切速率

速度/mL·min⁻¹	$K/\mu m^2$	孔隙度	n 值	迂曲度	剪切速率/s⁻¹
	0.35	0.355			20.18
0.5	2.62	0.361	0.70	2.29	7.37
	5.69	0.363			5.05
	16.48	0.373			2.94

当渗透率无限小趋于零时，聚合物冻胶在多孔介质中不能成胶，黏度值为零；当渗透率无限大时，根据式（4-15）可知，剪切速率趋于零，因此可近似看作是静态成胶。根据达西公式求得动态成胶后注入单位孔隙体积时冻胶的黏度，

可建立铬冻胶在多孔介质动态成胶后冻胶黏度值与渗透率之间的关系，见图4-19。

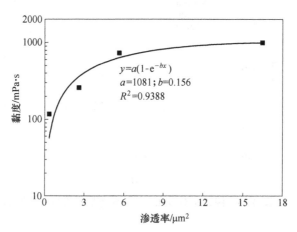

$$y = a(1 - e^{-bx})$$
$$a = 1081; \ b = 0.156$$
$$R^2 = 0.9388$$

图 4-19　渗透率对动态成胶后体系黏度的影响

由图 4-19 可知，随着渗透率的增大，多孔介质中动态成胶剪切速率越小，动态成胶后铬冻胶体系黏度增大，且与渗透率呈一定的关系 $y = a(1 - e^{-bx})$。由图 4-19 可知，a 值的大小可反映出多孔介质中动态成胶后冻胶体系黏度的大小，a 值越大反映冻胶体系黏度越大，铬冻胶 a 值为 1081；b 值反映出剪切速率对冻胶体系黏度的影响，可从侧面反映出冻胶体系的抗剪切能力，b 值越大，冻胶体系黏度受剪切速率影响越大，冻胶的抗剪切能力越差，铬冻胶 b 值为 0.156。由图 4-19 可知，当注入速度为 0.5mL/min（大约为 4m/d），在渗透率大于 $4\mu m^2$ 后，多孔介质中动态成胶后黏度值较大。

4.3.2.2　渗透率对酚醛树脂冻胶多孔介质中动态成胶的影响

用不同目数的玻璃微球填制不同渗透率的填砂管岩心，渗透率依次为 $0.55\mu m^2$，$2.13\mu m^2$，$8.08\mu m^2$ 和 $13.58\mu m^2$。根据酚醛树脂冻胶在多孔介质中动态成胶实验方法，考察渗透率对多孔介质中动态成胶的影响，注入速度 0.5mL/min，配方为 0.2%HPAM+0.6%PFR，见图 4-20。

由图 4-20 可知，随着时间的延长，进口压差 ΔP_{ad} 先是基本不变，然后迅速增大直至稳定，说明在不同渗透率下酚醛树脂冻胶动态成胶均经历了诱导、成胶和稳定阶段，且 ΔP_{bd} 和 ΔP_{cd} 均有不同程度的增大，但存在明显的时间滞后，说明酚醛树脂冻胶在多孔介质中动态成胶可产生深部运移。随着渗透率的增大，动态成胶稳定阶段压差 ΔP_{ad} 逐渐减小，ΔP_{bd} 和 ΔP_{cd} 先减小后增大，这是由于渗透率增大，根据渗透率 K 和孔喉半径 R 之间的关系 $R = \tau \sqrt{\dfrac{8K}{\phi}}$ 可知，多孔介质孔喉

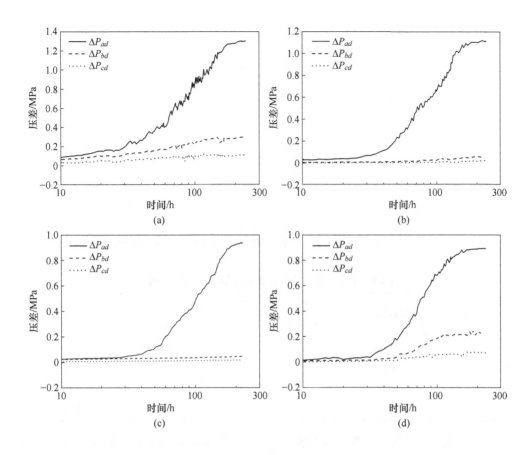

图 4-20 不同渗透率下酚醛树脂冻胶在多孔介质中动态成胶过程

（a）渗透率 $0.55\mu m^2$；（b）渗透率 $2.13\mu m^2$；（c）渗透率 $8.08\mu m^2$；（d）渗透率 $13.58\mu m^2$

半径增大，渗流阻力减小，因此稳定阶段压差减小。渗透率越大，聚合物冻胶越容易运移，表现为 ΔP_{bd} 和 ΔP_{cd} 逐渐增大。但是，当渗透率较小时，诱导阶段聚合物结构单元可运移至深部，在成胶阶段受到孔喉尺寸的限制形成的聚集体不易发生运移，在地层深部滞留产生封堵作用，因此在渗透率较低时酚醛树脂冻胶动态成胶也可在地层深部产生封堵作用。根据达西公式，用进口端压差 ΔP_{ad} 计算酚醛树脂冻胶的黏度来表征多孔介质中动态成胶过程，考察渗透率对酚醛树脂冻胶动态成胶的影响，见图 4-21。

由图 4-21 可知，随着渗透率的增大，酚醛树脂在多孔介质中动态初始成胶时间和最终成胶时间略微缩短，酚醛树脂冻胶黏度先是基本不变，然后逐渐增大至稳定。随着渗透率的增大，稳定阶段黏度增大，成胶时间和单倍孔隙体积黏度之间的变化，见表 4-9。

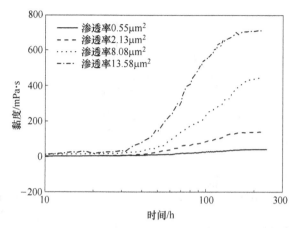

图 4-21　渗透率对多孔介质中酚醛树脂冻胶动态成胶的影响

表 4-9　不同渗透率下酚醛树脂冻胶动态成胶时间和黏度

序号	渗透率/μm²	注入速度 /mL·min⁻¹	动态成胶时间/h		单倍 V_p 黏度 /mPa·s
			IGT	FGT	
1	13.58		19	93	356.46
2	8.08	0.5	22	95	223.03
3	2.13		24	95	70.03
4	0.55		25	97	21.08

由表 4-9 可知，随着渗透率的增大，酚醛树脂冻胶在多孔介质中动态初始成胶时间和最终成胶时间缩短，成胶后冻胶黏度增大。根据式（4-15）可求得不同渗透率下酚醛树脂冻胶在多孔介质中动态成胶的剪切速率，见表 4-10。由表 4-10可知，渗透率由 $0.55\mu m^2$ 增大到 $13.58\mu m^2$ 时，在相同注入速度下剪切速率减小，由 $14.22s^{-1}$ 减小到 $2.86s^{-1}$，酚醛树脂冻胶动态初始成胶时间和最终成胶时间缩短。

表 4-10　多孔介质中动态成胶时酚醛树脂冻胶的剪切速率

速度/mL·min⁻¹	$K/\mu m^2$	孔隙度	n 值	迂曲度	剪切速率/s⁻¹
	13.58	0.379			2.86
0.5	8.08	0.359	0.440	2.29	3.71
	2.13	0.341			7.23
	0.55	0.338			14.22

根据达西公式可求出动态成胶后单位孔隙体积冻胶的黏度，建立酚醛树脂冻胶在多孔介质动态成胶后冻胶黏度值与渗透率之间的关系，见图 4-22。

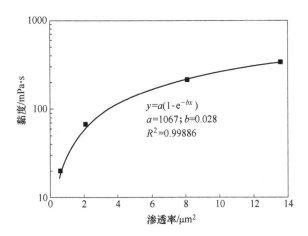

图 4-22 渗透率对动态成胶后体系黏度的影响

由图 4-22 可知，随着渗透率的增大，酚醛树脂冻胶在多孔介质中动态成胶后黏度值增大，且符合 $y = a(1 - e^{-bx})$ 的规律。其中 a 值和 b 值的物理意义与铬冻胶的相同，酚醛树脂冻胶 a 值为 1067；b 值为 0.028。与铬冻胶动态成胶后相比，a 值略小，说明铬冻胶体系成胶黏度值较大，这与在安瓿瓶内和多孔介质中静态成胶规律相同。酚醛树脂冻胶 b 值远小于铬冻胶 b 值，说明剪切速率对酚醛树脂冻胶体系的黏度影响较小，同时也反映出酚醛树脂冻胶比铬冻胶的抗剪切能力强，这与在安瓿瓶内静态成胶后黏弹性试验的结果一致。由图 4-22 可知，当注入速度为 0.5mL/min（大约为 4m/d），渗透率大于 $3\mu m^2$ 后，多孔介质中动态成胶后酚醛树脂冻胶的黏度值较大。

4.3.3 注入速度

4.3.3.1 注入速度对铬冻胶在多孔介质中动态成胶的影响

剪切作用对聚合物冻胶的成胶有较大的影响，注入速度增大，流体通过岩心或筛网后的黏度损失和筛网系数增大。随着注入速度的增大，剪切速率增大，对动态成胶有一定的影响。考察注入速度对多孔介质中铬冻胶动态成胶的影响，试验方法：用目数相同的玻璃微球填制一系列渗透率在 $3\sim5\mu m^2$ 的填砂管岩心，测定渗透率及孔隙体积后，按照多孔介质中铬冻胶动态成胶的方法进行实验，观察各点压差随时间的变化，然后改变注入速度，依次为 0.125mL/min，0.25mL/min，0.5mL/min，0.75mL/min，1mL/min 和 1.5mL/min，对应的线速度分别为 1m/d，2m/d，4m/d，6m/d，8m/d 和 12m/d 左右，铬冻胶配方为 0.2%HPAM+0.04%Cr(Ⅲ)，见图 4-23。

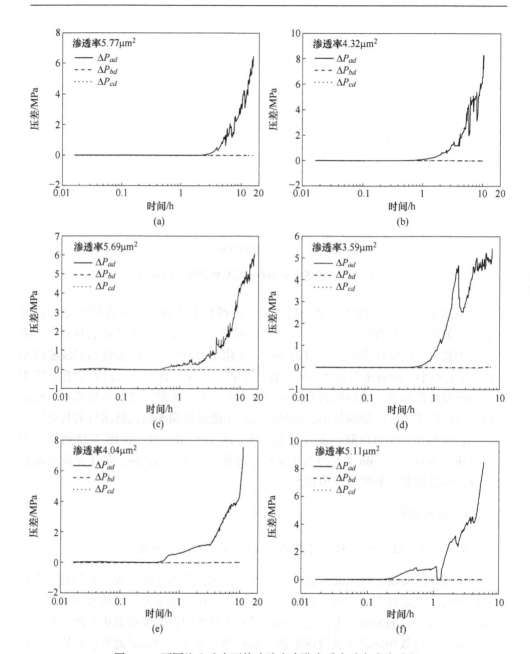

图 4-23　不同注入速度下铬冻胶在多孔介质中动态成胶过程

（a）注入速度 0.125mL/min；（b）注入速度 0.25mL/min；（c）注入速度 0.5mL/min；

（d）注入速度 0.75mL/min；（e）注入速度 1mL/min；（f）注入速度 1.5mL/min

由图 4-23 可知，在不同注入速度下多孔介质中铬冻胶动态成胶实验中渗透率均在 3.5~5.8μm² 之间，随着时间的延长，不同注入速度下动态成胶过程相似，进口压差 ΔP_{ad} 先是基本不变，然后迅速增大；ΔP_{bd} 和 ΔP_{cd} 在不同注入速度下随着时间延长没有发生变化，说明铬冻胶动态成胶时形成的冻胶颗粒主要聚集在注入端。用 ΔP_{ad} 的变化规律来表征铬冻胶的动态成胶过程，在不同注入速度下动态成胶过程均经历了诱导阶段和成胶阶段。当注入速度较小时（小于 1mL/min），在成胶阶段注入端压差随着时间的延长并非一直增大，而是像"锯齿状"，先增大后减小，再增大再减小的过程，在整个过程中压差的总体趋势是逐渐增加[116]。这是因为：一方面在多孔介质剪切作用下，当铬冻胶尺寸随时间延长增大到其内聚力被剪切力克服时，冻胶颗粒被剪切破坏，形成分散的冻胶颗粒，冻胶颗粒滞留在多孔介质孔喉处对后续注入的冻胶待成胶液有封堵作用，导致压差升高；另一方面，多孔介质的剪切和拉伸将干扰铬冻胶体系中交联基团的运移、取向和定位，冻胶的网状或体型结构将被撕扯破坏。当压差升高到一定程度后，滞留在孔喉处的冻胶颗粒被突破，运移，压差下降[11, 51, 54]，根据达西公式求得铬冻胶在多孔介质中动态成胶过程的黏度随时间的变化，分析注入速度对动态成胶的影响，见图 4-24。

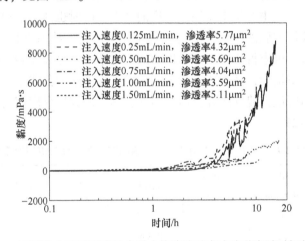

图 4-24 不同注入速度下多孔介质中铬冻胶动态成胶黏度随时间的变化

由图 4-24 可知，随着时间的延长，铬冻胶在多孔介质中动态成胶过程的黏度先是基本不变然后逐渐增大，动态初始成胶时间随着注入速度的增大逐渐缩短。这是由于注入速度从三个方面影响铬冻胶的动态成胶过程，一是注入速度增大，根据式（4-15）可知，剪切速率增大，对铬冻胶的剪切破坏作用增大，延长了动态初始成胶时间；二是注入速度增大，聚合物分子和交联剂分子的流动速率增大，分子热运动加剧，相互之间碰撞的几率增大，有利于铬冻胶的交联反应；三是影响注入压差最大的，注入速度增大，对于持续注入成胶方式而言，单位时间内注入填砂管岩心中的冻胶待成胶液量越多，注入压差越大，表现为黏度值升高得越快。在这三个方面作用下随着注入速度的增加，铬冻胶成胶速率加快，初始成胶时间缩短，见表4-11。

表4-11　不同注入速度下铬冻胶动态成胶初始成胶时间和黏度

序号	渗透率 /μm^2	注入速度 /mL·min^{-1}	初始成胶 时间/h	注入孔隙 体积倍数	单倍V_p黏度 /mPa·s
1	5.77	0.125	3.14	0.66	13308.21
2	4.32	0.25	2.85	0.86	6547.16
3	5.69	0.5	2.31	2.86	711.20
4	3.59	0.75	2.26	1.38	791.83
5	4.04	1	2.14	3.92	229.99
6	5.11	1.5	2.03	2.94	289.95

由表4-11可知，随着注入速度的增大，铬冻胶在多孔介质中动态初始成胶时间缩短，与机械剪切下铬冻胶的动态初始成胶时间随着剪切速率的增大而延长有较大的差异。这主要是由于注入速度的增大，同时也加大了单位时间内注入到填砂管中冻胶待成胶液的量。随着注入速度的增大，动态成胶后冻胶黏度降低。根据式（4-15）可求得不同注入速度下的剪切速率，见表4-12。随着注入速度的增大，剪切速率增大，动态成胶后黏度降低。根据达西公式求得注入单位孔隙体积铬冻胶的黏度值，建立多孔介质中铬冻胶动态成胶后黏度值与剪切速率之间的关系，见图4-25。

表4-12　多孔介质中动态成胶时铬冻胶注入速度与剪切速率关系

K /μm^2	速度 /mL·min^{-1}	线速度 /m·d^{-1}	孔隙度	n 值	迁曲度	剪切速率 /s^{-1}
5.77	0.125	1	0.367			1.24
4.32	0.25	2	0.358			2.91
5.69	0.5	4.1	0.361	0.70	2.29	5.05
3.59	0.75	6.2	0.352			9.65
4.04	1	8.3	0.355			12.08
5.11	1.5	12.1	0.364			15.91

由图4-25可知，随着剪切速率的增大，动态成胶后铬冻胶体系的黏度逐渐减小，且铬冻胶黏度与剪切速率成$y = a \times x^{-b}$的关系。a值代表铬冻胶动态成胶后黏度值的大小，a值越大，冻胶体系黏度越大；b值反映了剪切速率对冻胶体系的影响，b值越大，说明剪切速率对冻胶体系影响越大，冻胶体系抗剪切能力

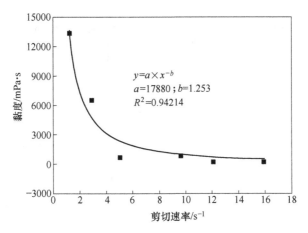

图 4-25 铬冻胶动态成胶后黏度与剪切速率的关系

越差。由图 4-25 可知，铬冻胶的 a 值为 17880，b 值为 1.253。由表 4-12 可知，剪切速率与注入速度成正比，说明铬冻胶动态成胶过程中铬冻胶体系的黏度随着注入速度的增大而降低。由图 4-25 和表 4-12 可知，当渗透率在 $3\sim5\mu m^2$ 范围内，剪切速率小于 $5s^{-1}$ 时，在多孔介质中动态成胶时可得到较高黏度的铬冻胶体系。

4.3.3.2 注入速度对酚醛树脂冻胶在多孔介质中动态成胶的影响

机械剪切下酚醛树脂冻胶动态成胶实验表明，剪切速率的大小对酚醛树脂冻胶动态成胶的成胶时间和冻胶黏度均有一定的影响。由式（4-15）可知，在多孔介质中剪切速率随着注入速度的增大而增大，对多孔介质中酚醛树脂冻胶动态成胶有一定影响。考察注入速度对多孔介质中酚醛树脂冻胶动态成胶的影响，实验方法：保持酚醛树脂冻胶体系配方 0.2%HPAM+0.6%PFR 不变，用相同目数的玻璃微球填制一系列渗透率在 $5\sim8\mu m^2$ 范围内填砂管岩心，按照酚醛树脂冻胶在多孔介质中动态成胶的实验方法进行不同注入速度的动态成胶实验，记录压差随时间的变化；改变注入速度，依次为 0.125mL/min，0.25mL/min，0.75mL/min，1mL/min，1.5mL/min 和 2mL/min，对应的线速度分别为 1m/d，2m/d，6m/d，8m/d，12m/d 和 16m/d，见图 4-26。

由图 4-26 可知，不同注入速度下多孔介质中酚醛树脂冻胶动态成胶实验中渗透率均在 $4.5\sim8\mu m^2$ 之间，由渗透率对多孔介质中动态成胶的实验结果可知，在此范围内渗透率对成胶影响较小。随着时间的延长，不同注入速度下动态成胶过程相似，进口压差 ΔP_{ad} 先是基本不变，然后迅速增大至稳定阶段，说明酚醛树脂冻胶体系经历了诱导阶段、成胶阶段和稳定阶段。压差 ΔP_{bd} 和压差 ΔP_{cd} 有不同程度的增大，但是存在明显的时间滞后现象，说明酚醛树脂冻胶在多孔介质

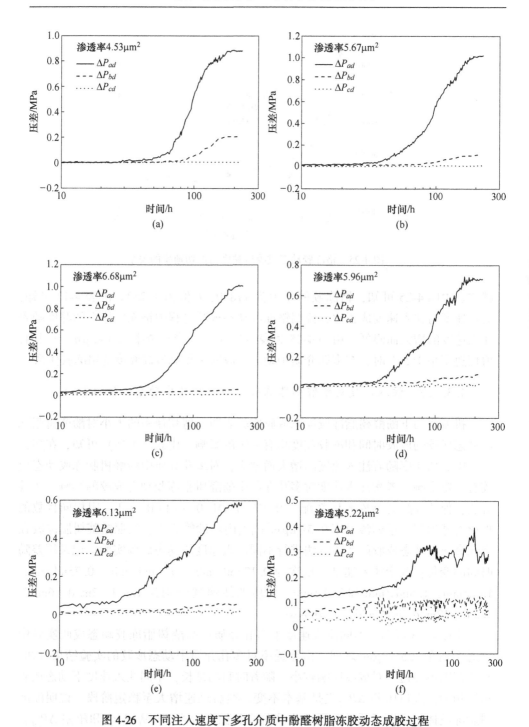

图 4-26　不同注入速度下多孔介质中酚醛树脂冻胶动态成胶过程

(a) 注入速度 0.125mL/min；(b) 注入速度 0.25mL/min；(c) 注入速度 0.75mL/min；
(d) 注入速度 1mL/min；(e) 注入速度 1.5mL/min；(f) 注入速度 2mL/min

中动态成胶时可发生运移，在地层深部产生封堵作用。与铬冻胶相比，酚醛树脂冻胶具有更好的深部运移能力。当注入速度较小或者较大时，压差 ΔP_{bd} 增长的幅度较大。这是由于当注入速度较小时，剪切速率也较小，动态成胶后酚醛树脂冻胶体系黏度值较大，因此表现较高的压差；当注入速度较大时，剪切速率较大，动态成胶后形成的冻胶体系黏度较低；在较快的注入速度下冻胶体系通过岩心孔喉时渗流阻力较大，表现为较高的压差。同时与铬冻胶相比，酚醛树脂冻胶在成胶阶段的压差波动较小，这与实验方法有关，铬冻胶是持续注入冻胶待成胶液，沿着流动方向存在明显的黏度梯度，而酚醛树脂冻胶则是 2 倍孔隙体积的冻胶待成胶液循环注入。根据达西公式求得酚醛树脂冻胶在多孔介质中动态成胶过程的黏度随时间的变化，分析注入速度对动态成胶的影响，见图 4-27。

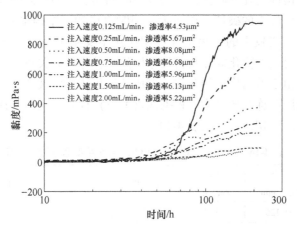

图 4-27　不同注入速度下多孔介质中动态成胶酚醛树脂冻胶黏度随时间的变化

由图 4-27 可知，随着时间的延长，不同注入速度下动态成胶过程中酚醛树脂冻胶体系均经历了诱导、成胶和稳定阶段，与铬冻胶动态成胶相比多了稳定阶段。随着注入速度的增大，酚醛树脂冻胶动态初始成胶时间先缩短后延长，最终成胶时间略微延长，且稳定阶段的黏度是随着注入速度的增大逐渐降低的，见表 4-13。

表 4-13　不同注入速度下多孔介质中酚醛树脂冻胶动态成胶时间和黏度

渗透率/μm^2	注入速度 /mL·min^{-1}	动态成胶时间/h		单倍 V_p 黏度 /mPa·s
		IGT	FGT	
4.53	0.125	25	93	470.70
5.67	0.25	21	94	339.35
8.08	0.5	22	95	223.03
6.68	0.75	23	96	131.00

渗透率/μm²	注入速度 /mL·min⁻¹	动态成胶时间/h		单倍 V_p 黏度 /mPa·s
		IGT	FGT	
5.96	1	24	96	99.00
6.13	1.5	24	97	48.50
5.22	2	25	98	36.00

由表 4-13 可知，随着注入速度的增大，初始成胶时间先缩短后延长，最终成胶时间略微延长，成胶后的黏度降低，这与机械剪切下酚醛树脂冻胶动态成胶规律相同。当注入速度过低时，剪切速率较小，对体系的破坏作用较小，同时形成的结构单元碰撞的几率降低，初始成胶时间延长；当注入速度过高时，剪切速率较大，对冻胶体系的破坏作用较大，同时也增加了结构单元相互碰撞的几率，但是结构单元形成较大的聚集体在剪切作用下又被破坏，因此初始成胶时间延长。初始成胶时间的变化规律与剪切作用的两种作用有关系，一是剪切破坏，一是加速交联。由于剪切作用的存在，形成的聚集体遭到破坏，延长了最终成胶时间，降低了成胶后冻胶的黏度。根据式（4-15）计算不同注入速度下酚醛树脂冻胶动态成胶时的剪切速率，见表 4-14。

表 4-14　不同注入速度下酚醛树脂冻胶动态成胶剪切速率

K /μm²	速度 /mL·min⁻¹	线速度 /m·d⁻¹	孔隙度	n 值	迁曲度	剪切速率 /s⁻¹
4.53	0.125	1.0	0.357			1.26
5.67	0.25	2.0	0.363			2.23
8.08	0.5	4.0	0.367			3.71
6.68	0.75	5.8	0.379	0.440	2.29	6.02
5.96	1	8.1	0.361			8.71
6.13	1.5	12.1	0.364			12.83
5.22	2	16.4	0.358			18.69

根据表 4-13 中酚醛树脂冻胶动态成胶后单倍孔隙体积酚醛树脂冻胶的黏度值与表 4-14 中计算的剪切速率，建立黏度与剪切速率之间的关系，见图 4-28。

由图 4-28 可知，随着剪切速率的增大，动态成胶后酚醛树脂冻胶体系的黏度逐渐减小，且酚醛树脂冻胶黏度与剪切速率有 $y = a \times x^{-b}$ 的关系。由图 4-28 可知，其中 a 值和 b 值的物理意义与铬冻胶动态成胶后黏度与剪切速率的关系式中的物理意义相同，酚醛树脂冻胶的 a 值为 590，b 值为 0.81，它们均小于铬冻胶的 a 值和 b 值。这说明酚醛树脂冻胶在多孔介质中动态成胶后黏度较低，但是剪切速率对冻胶的黏度影响小，反映出酚醛树脂冻胶的抗剪切能力强于铬冻胶。在

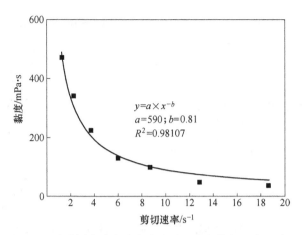

图 4-28 酚醛树脂冻胶动态成胶后黏度与剪切速率的关系

渗透率 $5 \sim 8 \mu m^2$ 范围内，当剪切速率大于 $6s^{-1}$ 后，动态成胶后酚醛树脂冻胶体系的黏度值较低。对比实际数据和拟合曲线，当剪切速率较小时，实验过程中稳定阶段压差变化幅度平缓，实际值和拟合值相差不大；随着注入速度的增大，拟合值大于实际值。这是由于剪切速率较大时，2 倍孔隙体积的酚醛树脂冻胶待成胶液在多孔介质中循环的次数增多，比持续注入方式的剪切强度大，因此导致动态成胶后黏度值偏小。

由渗透率和注入速度对多孔介质中聚合物冻胶动态成胶过程可知，渗透率和注入速度对动态成胶都有影响，通过式（4-15）可反映出渗透率和注入速度对多孔介质中剪切速率的贡献，渗透率越大，注入速度越小，其剪切速率越小，动态成胶后冻胶的黏度越大。因此，在聚合物冻胶实际应用时应考虑渗透率和注入速度的影响，在现场条件允许下尽量降低注入速度以获得较高的成胶黏度。

由注入速度与两种聚合物冻胶的动态成胶后黏度的关系可知，当剪切速率大于 $10s^{-1}$ 时，聚合物冻胶的黏度值较低。根据式（4-15）可建立不同渗透率下注入速度和剪切速率之间的关系，见图 4-29。

由图 4-29 可知，随着注入速度增大，多孔介质中聚合物冻胶动态成胶时剪切速率越大，且随着渗透率的增大，在相同注入速度下剪切速率越小。动态成胶实验表明，当剪切速率大于 $10s^{-1}$ 时，聚合物冻胶动态成胶后黏度值较低。当剪切速率小于 $10s^{-1}$ 时，随着渗透率的增大，注入速度的选择范围增大。由图 4-29 可得到不同渗透率下两种典型聚合物冻胶动态成胶后黏度值较高的注入速度范围。同时可以看出聚合物冻胶在应用时，渗透率越低对注入速度的要求就越高。

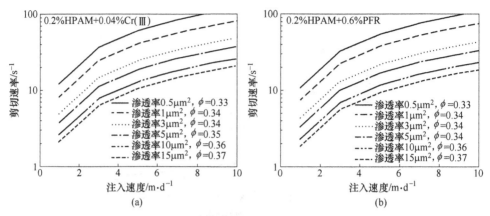

图 4-29　不同渗透率下注入速度和剪切速率的关系

（a）铬冻胶；（b）酚醛树脂冻胶

4.4　聚合物冻胶动态成胶后续水驱分析

多孔介质中聚合物冻胶动态成胶后的封堵能力如何；渗透率和注入速度是否对动态成胶后封堵能力有影响；与静态成胶后相比，动态成胶后残余阻力系数是否降低，这些问题与多孔介质中动态成胶后水驱有直接关系。因此，分析动态成胶后续水驱是非常有必要的。

4.4.1　铬冻胶动态成胶后续水驱分析

当铬冻胶动态成胶过程结束后，进行后续水驱，观察各点压差随时间的变化。实验方法：当不同条件下铬冻胶动态成胶后，停止注入铬冻胶待成胶液，将各测压点压差归零，然后重新连接管线，进行后续水驱，水驱速度为 $1mL/min$，观察各点压差随时间的变化。

由于在后续水驱阶段，压差 ΔP_{bd} 和压差 ΔP_{cd} 均没有发生明显的变化，因此本章只考察注入端压差随时间的变化，见图 4-30~图 4-32。

由图 4-30~图 4-32 可知，不同条件下铬冻胶动态成胶后续水驱注入端压差 ΔP_{ad} 具有相同的变化趋势，随着时间的延长，压差先是迅速增大到峰值之后降低，然后趋于稳定。由铬冻胶动态成胶实验方法可知，在成胶过程中铬冻胶待成胶液是持续注入的，由于不同条件下铬冻胶成胶时间不一样，注入的速度也不一样，因此注入到填砂管岩心内的铬冻胶待成胶液体积也是不一样的。为了在相同铬冻胶待成胶液注入孔隙体积条件下比较动态成胶后续水驱效果，将动态成胶后残余阻力系数除以注入的铬冻胶待成胶液的孔隙体积倍数，求得单位孔隙体积下的残余阻力系数，见表 4-15。

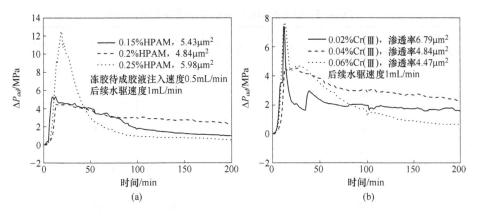

图 4-30 不同聚合物和交联剂质量百分数下动态成胶后续水驱压差随时间的变化

（a）0.04%Cr(Ⅲ)；（b）0.2%HPAM

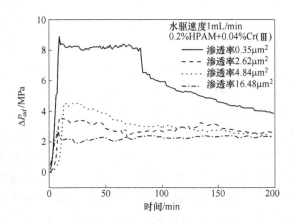

图 4-31 不同渗透率下动态成胶后续水驱压差随时间的变化

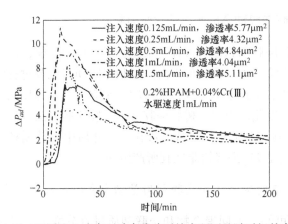

图 4-32 不同注入速度下动态成胶后续水驱压差随时间的变化

表 4-15　铬冻胶动态成胶后续水驱残余阻力系数

HPAM（质量分数）/%	Cr(Ⅲ)（质量分数）/%	渗透率/μm²	注入速度/mL·min⁻¹	残余阻力系数	铬冻胶注入 V_p 数	单倍 V_p 下残余阻力系数
0.15	0.04	5.43	0.5	160	2.78	58
0.2	0.04	5.69	0.5	389	2.86	136
0.25	0.04	5.98	0.5	95	0.61	156
0.2	0.02	6.79	0.5	237	2.79	85
0.2	0.06	4.47	0.5	111	0.82	136
0.2	0.04	0.35	0.5	40	1.57	25
0.2	0.04	2.62	0.5	202	2.84	71
0.2	0.04	16.48	0.5	1155	2.78	415
0.2	0.04	5.77	0.125	340	0.66	515
0.2	0.04	4.32	0.25	300	0.83	361
0.2	0.04	4.04	1	207	3.79	55
0.2	0.04	5.11	1.5	123	2.92	42

由表 4-15 可知，随着聚合物和交联剂质量百分数增大，渗透率的增大，动态成胶过程中铬冻胶待成胶液注入速度的减小，铬冻胶动态成胶后续水驱单位铬冻胶注入 V_p 下残余阻力系数增大。这是由于聚合物和交联剂质量百分数增大，铬冻胶动态成胶后形成的冻胶强度增大，对多孔介质的封堵能力增强，单位 V_p 下残余阻力系数增大。与多孔介质中静态成胶后残余阻力系数相比，二者相差不大，说明动态成胶后铬冻胶也具有较强的封堵能力。随着渗透率增大，注入速度降低，由式（4-15）可知，铬冻胶在多孔介质中动态成胶时剪切速率减小，动态成胶后冻胶强度增大，单位 V_p 下残余阻力系数增大。后续水驱残余阻力系数进一步验证了渗透率和注入速度对铬冻胶在多孔介质中动态成胶的影响。

4.4.2　酚醛树脂冻胶动态成胶后续水驱分析

当酚醛树脂冻胶动态成胶过程结束后，进行后续水驱，观察各点压差随时间的变化。实验方法：当不同条件下酚醛树脂冻胶动态成胶过程结束后，将各测压点压差归零，然后重新连接管线，进行后续水驱，水驱速度为 1mL/min，观察各点压差随时间的变化。由酚醛树脂冻胶动态成胶实验方法可知，在整个动态成胶过程中有 $2V_p$ 的酚醛树脂冻胶待成胶液在多孔介质中交替循环流动，因此后续水驱残余阻力系数是 $2V_p$ 酚醛树脂冻胶所产生的。

4.4.2.1　不同聚合物和交联剂用量动态成胶后续水驱分析

由图 4-33 可知，不同聚合物和交联剂质量百分数下酚醛树脂冻胶动态成胶

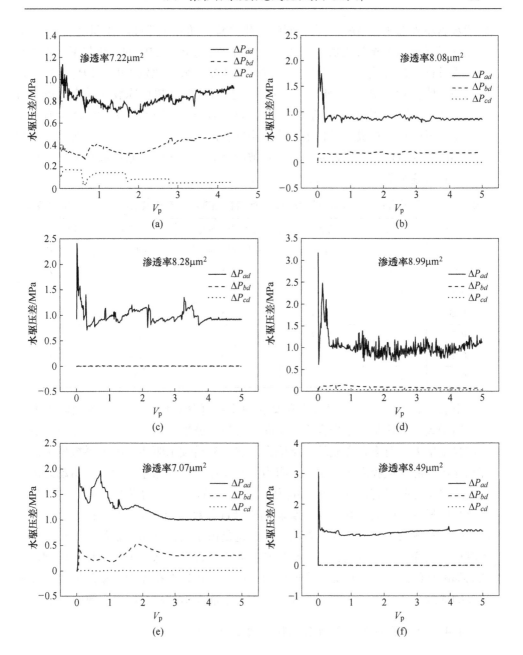

图 4-33 不同聚合物和交联剂质量百分数下酚醛树脂冻胶动态成胶
后续水驱压差随孔隙体积的变化

(a) 0.15%HPAM+0.6%YG103；(b) 0.2%HPAM+0.6%PFR；(c) 0.25%HPAM+0.6%YG103；
(d) 0.3%HPAM+0.6%YG103；(e) 0.2%HPAM+0.3%YG103；(f) 0.2%HPAM+0.9%YG103

后续水驱注入端压差 ΔP_{ad} 具有相同的变化趋势，随着水驱孔隙体积倍数的增加，ΔP_{ad} 先是迅速增大至最大值然后降低，最后趋于稳定。ΔP_{bd} 的变化与聚合物和交联剂质量百分数有关，当聚合物和交联剂的质量百分数比较小时，ΔP_{bd} 才体现出一定的数值，对照图 4-13 和图 4-15 可知，只有当酚醛树脂冻胶在动态成胶过程中压差 ΔP_{bd} 有一定增加时，动态成胶后续水驱过程中水驱压差 ΔP_{bd} 才会有一定的变化，说明只有在成胶过程中酚醛树脂冻胶产生了运移，后续水驱时才会在地层深部产生封堵作用。根据残余阻力系数的概念计算酚醛树脂冻胶在多孔介质中动态成胶后续水驱残余阻力系数，见表 4-16。

表 4-16　不同聚合物和交联剂质量百分数下酚醛树脂冻胶动态成胶后续水驱残余阻力系数

HPAM /%	PFR /%	渗透率 /μm²	酚醛树脂冻胶注入 速度/mL·min⁻¹	单倍 V_p 下残余阻力系数	
				ad 段	*bd* 段
0.15	0.6	7.22	0.5	98	77
0.2	0.6	8.08	0.5	101	33
0.25	0.6	8.28	0.5	112	—
0.3	0.6	8.99	0.5	150	3
0.2	0.3	7.07	0.5	104	46
0.2	0.9	8.49	0.5	140	—

由表 4-16 可知，随着聚合物和交联剂质量百分数增大，*ad* 段残余阻力系数是逐渐增大的，这是由于聚合物和交联剂质量百分数增大，在相同条件下形成的冻胶强度增大，对多孔介质的封堵能力增强，故后续水驱残余阻力系数增大。与多孔介质中静态成胶后续水驱残余阻力系数相比，二者相差不大，说明动态成胶后酚醛树脂冻胶具有良好的封堵能力。而 *bd* 段的残余阻力系数是减小的，且当聚合物质量百分数大于 0.25%、交联剂质量百分数大于 0.9% 时，在 *bd* 段酚醛树脂冻胶动态成胶后不能形成有效的封堵，这是由于聚合物和交联剂质量百分数较大时形成的冻胶强度较高，储能模量和损耗模量较大，冻胶不易变形，抗御冲击和局部破坏的能力强，且冻胶内摩擦阻力增大，在岩石孔隙中移动越困难，故强度高的冻胶动态成胶后主要滞留在注入端，不能在地层深部产生有效的封堵。

4.4.2.2　不同渗透率动态成胶后续水驱分析

由图 4-34 可知，当酚醛树脂冻胶配方为 0.2%HPAM+0.6%PFR、注入冻胶待成胶液速度为 0.5mL/min 时，不同渗透率下酚醛树脂冻胶动态成胶后续水驱压差 ΔP_{ad} 有相似的变化趋势，且 ΔP_{bd} 有一定程度的增大。对照图 4-20 可以看出，动态成胶时在 *bd* 段产生注入压差越大，后续水驱时在 *bd* 段产生的水驱压差也会越大，各段的残余阻力系数见表 4-17。

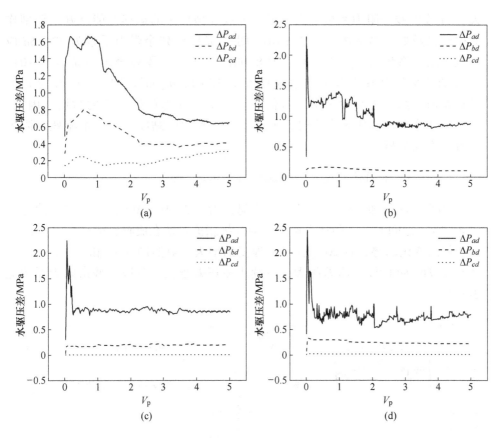

图 4-34 不同渗透率酚醛树脂冻胶动态成胶后续水驱压差随孔隙体积的变化

（a）渗透率 $0.55\mu m^2$；（b）渗透率 $2.13\mu m^2$；（c）渗透率 $8.08\mu m^2$；（d）渗透率 $13.58\mu m^2$

表 4-17 不同渗透率下酚醛树脂冻胶动态成胶后续水驱残余阻力系数

HPAM /%	PFR /%	渗透率 /μm²	酚醛树脂冻胶注入 速度/mL·min⁻¹	单倍 V_p 下残余阻力系数	
				ad 段	bd 段
0.2	0.6	0.55	0.5	5	5
		2.13		27	5
		8.08		101	33
		13.58		158	60

由表 4-17 可知，随着渗透率的增大，ad 段和 bd 段的残余阻力系数均增

大，bd 段的残余阻力系数越大，说明冻胶在地层中的运移性能越好，调剖作业的效果越好。当渗透率为 $2.13\mu m^2$ 时，ad 段的残余阻力系数为 27，bd 段的残余阻力系数为 5；当渗透率为 $8.08\mu m^2$ 时，ad 段残余阻力系数为 101，bd 段的残余阻力系数为 33。这说明在 $2.13\sim 8.08\mu m^2$ 之间存在一个合适的渗透率值，当渗透率大于这个数值后可在地层深部产生有效的封堵。因此，考察渗透率对动态成胶影响时，可从动态成胶后的黏度和后续水驱残余阻力系数两方面分析。

4.4.2.3　不同注入速度动态成胶后续水驱分析

由图 4-35 可知，当酚醛树脂冻胶配方为 0.2%HPAM+0.6%PFR、渗透率在 $4\sim 8\mu m^2$ 之间时，不同注入速度下酚醛树脂冻胶动态成胶后续水驱压差 ΔP_{ad} 有相似的变化趋势，且 ΔP_{bd} 有一定程度的增大。对照图 4-35 和图 4-26 可知，动态成胶时 bd 段注入压差越大，后续水驱压差越大，各段的残余阻力系数见表 4-18。

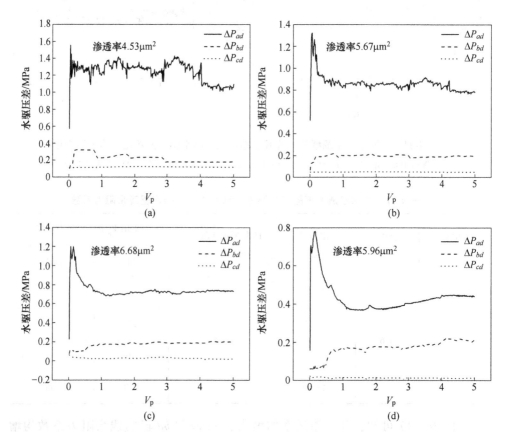

(a)

(b)

(c)

(d)

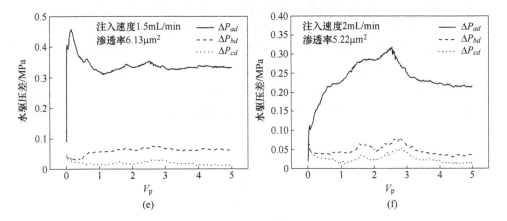

图 4-35 不同注入速度下酚醛树脂冻胶动态成胶后续水驱压差随孔隙体积的变化

(a) 注入速度 0.125mL/min；(b) 注入速度 0.25mL/min；(c) 注入速度 0.75mL/min；

(d) 注入速度 1mL/min；(e) 注入速度 1.5mL/min；(f) 注入速度 2mL/min

表 4-18 不同注入速度下酚醛树脂冻胶动态成胶后续水驱残余阻力系数

HPAM /%	PFR /%	渗透率 /μm²	注入速度 /mL·min⁻¹	单倍 V_p 下残余阻力系数	
				ad 段	bd 段
0.2	0.6	4.53	0.125	73	17
		5.67	0.25	65	23
		8.08	0.5	101	33
		6.68	0.75	72	28
		5.96	1	39	25
		6.13	1.5	30	8
		5.22	2	17	4

由表 4-18 可知，当注入速度较小时，ad 段和 bd 段残余阻力系数均较大，且当注入速度大于 1mL/min 时，ad 段残余阻力系数较小。因此，在选择合适的注入速度时，除了考虑动态成胶后黏度以外，还需要考虑后续水驱残余阻力系数的变化。

酚醛树脂冻胶动态成胶后续水驱实验表明，各段后续水驱残余阻力系数的变化受聚合物和交联剂质量百分数、渗透率和注入速度的影响，为聚合物冻胶现场应用时选择合适的冻胶配方、渗透率和注入速度提供依据。

4.5 微管中聚合物冻胶动态成胶过程分析

由前面的实验可知，在多孔介质中进行聚合物冻胶动态成胶过程可得到一定规律性的结论，但是许多因素对这些结论有一定的影响，如动态成胶时聚合物和交联剂在多孔介质表面的吸附，多孔介质孔喉尺寸的不均一性等。为了更精确地描述聚合物冻胶动态成胶过程，同时也是对多孔介质中动态成胶过程结论的验证，本章建立了微管模型，模型是由 5 根并联的不锈钢毛细管组成，每根毛细管的内直径为 0.5mm，长度 ad 为 36.5m，在距离注入端 10m 和 20m 处有测压点 b 和 c，见图 4-36。应用此模型主要研究了不同注入速度下聚合物冻胶动态成胶过程。

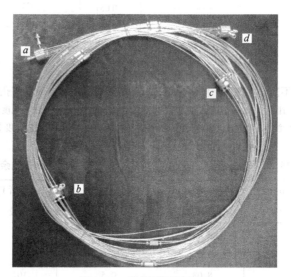

图 4-36   微管模型示意图

4.5.1   基本参数及评价标准的建立

4.5.1.1   微管中聚合物冻胶动态成胶剪切速率的确定

根据 Anil Kumar 和 Stan McCool 等人的研究结果[120, 121]表明，聚合物冻胶在微管中流动时承受的剪切速率可用式（4-16）计算：

$$\gamma = \frac{Q}{60\pi R^3}\left(3 + \frac{1}{n}\right) \tag{4-16}$$

式中　　γ——剪切速率，s^{-1}；

Q——流量，mL/min；

R——微管的内半径，cm；

n——流体的黏稠指数，$MPa \cdot s^n$。

由于微管的内半径为 0.025cm，流量 Q 为 5 根并联毛细管的总流量，配方为 0.2%HPAM+0.04%Cr(Ⅲ) 的铬冻胶黏稠指数为 0.7，配方为 0.2%HPAM+0.6%

PFR 的酚醛树脂冻胶黏稠指数为 0.44。铬冻胶和酚醛树脂冻胶的剪切速率见式 (4-17) 和式 (4-18):

$$\gamma_{Cr(III)} = \frac{Q}{60\pi R^3}\left(3 + \frac{1}{n}\right) = \frac{Q/5}{60 \times 3.14 \times 0.025^3}\left(3 + \frac{1}{0.7}\right) = 300.88Q \quad (4-17)$$

$$\gamma_{PFR} = \frac{Q}{60\pi R^3}\left(3 + \frac{1}{n}\right) = \frac{Q/5}{60 \times 3.14 \times 0.025^3}\left(3 + \frac{1}{0.44}\right) = 358.23Q \quad (4-18)$$

4.5.1.2 微管模型残余阻力系数的确定

根据 Stan McCool 等人的研究结果表明，可用式 (4-19) 来确定聚合物冻胶在微管模型中动态成胶后的残余阻力系数 R_s:

$$R_s = \frac{\Delta P_{gel}}{L_{gel}}\bigg/\frac{\Delta P_{water}}{L_{water}} \quad (4-19)$$

式中 R_s——残余阻力系数;

ΔP_{gel}——聚合物冻胶在长度为 L_{gel} 微管中动态成胶后两端压差，Pa;

L_{gel}——微管的长度，cm;

ΔP_{water}——蒸馏水在长度为 L_{water} 微管中稳定流动时两端的压差，Pa;

L_{water}——水流时微管模型的长度，cm。

对于本章中微管模型来说，$L_{gel} = L_{water}$。

在微管模型中，由 hagen-Poiseuille 方程可知:

$$Q = \frac{\pi d^4}{128\mu L}\Delta P \quad (4-20)$$

所以，得出:

$$\frac{\Delta P_{water}}{L_{water}} = \frac{128\mu Q_{water}}{\pi d^4} \quad (4-21)$$

当温度为 75℃时，水的黏度（μ）为 0.382mPa·s，即 0.382×10^{-3} Pa·s; 流量（Q_{water}）单位为 mL/s，毛细管直径（d）单位为 cm; 式中 $d = 0.05$cm。

$$\frac{\Delta P_{water}}{L_{water}} = \frac{128\mu Q_{water}}{\pi d^4} = \frac{128 \times 0.382 \times 10^{-3} \times Q_{water}/60}{3.14 \times 0.05^4} = 41.525Q_{water}$$

$$\quad (4-22)$$

由式 (4-19) 和式 (4-22) 可得:

$$R_s = \frac{\Delta P_{gel}}{L_{gel}}/(41.525Q_{water}) = 0.024\Delta P_{gel}/(L_{get}Q_{water}) \quad (4-23)$$

以上计算的是单根毛细管的管流，由于模型是由 5 根毛细管并联的，所以 Q_{water} 为模型管总流量 $Q_总$ 的 1/5。由于注入冻胶待成胶液和注入水的流速是一样的，所以聚合物冻胶在微管中动态成胶后残余阻力系数为:

$$R_s = 0.12\Delta P_{gel}/(L_{gel}Q_{总}) \tag{4-24}$$

式中，ΔP_{gel} 的单位为 Pa；L_{gel} 的单位为 cm；$Q_{总}$ 的单位为 mL/min。

4.5.1.3　聚合物冻胶在微管中动态成胶后黏度计算

由达西公式可知：

$$k = \frac{Q\mu l}{\Delta PA} \tag{4-25}$$

若要计算渗透率，需要知道流量 Q 与两端压差 ΔP 之间的关系，为此在 30℃ 下改变流量，测定蒸馏水不同流量下微管两端的压差差，见图 4-37。

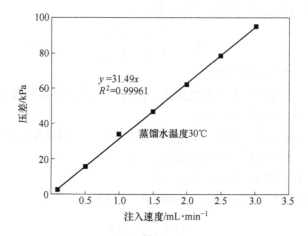

图 4-37　30℃下蒸馏水在微管中流动注入压差与流量的关系

由图 4-37 可得：

$$k = \frac{Q\mu l}{\Delta PA} = \frac{100 \times 0.8 \times 3650}{31.49 \times 6 \times 5 \times 3.14 \times 0.025^2} = 1.57 \times 10^4 \mu m^2 \tag{4-26}$$

其中，30℃下蒸馏水的黏度为 0.8mPa·s，微管长度为 3650cm。

由式（4-26）可得，聚合物冻胶在微管中动态成胶至稳定阶段时的冻胶黏度为：

$$\mu = \frac{\Delta PAk}{Ql} = \frac{60 \times 5 \times 3.14 \times 0.025^2 \times 10 \times 1.57 \times 10^4}{3650} \times \frac{\Delta P}{Q} = 25.3\frac{\Delta P}{Q} \tag{4-27}$$

式中　μ——黏度，mPa·s；

　　ΔP——长度为 l 微管两端的压差，MPa；

　　Q——聚合物冻胶待成胶液注入速度，mL/min。

由式（4-27）可求得聚合物冻胶在微管中动态成胶后的黏度值。

4.5.2 微管中动态成胶分析

4.5.2.1 铬冻胶在微管中动态成胶

按照多孔介质中铬冻胶动态成胶的实验方法，将填砂管岩心部分换成微管模型，考察注入速度与各测压点压差之间的关系，铬冻胶配方为 0.2%HPAM + 0.04%Cr（Ⅲ），注入速度分别为 0.05mL/min，0.075mL/min，0.1mL/min，0.125mL/min，0.15mL/min，由式（4-17）可求得对应的剪切速率为 $15s^{-1}$，$22.6s^{-1}$，$30.1s^{-1}$，$37.6s^{-1}$，$45.1s^{-1}$，见图4-38。

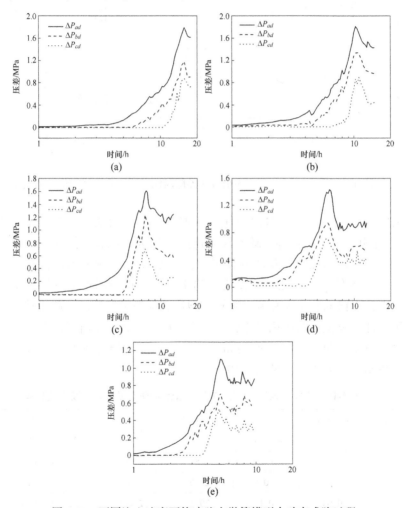

图4-38　不同注入速度下铬冻胶在微管模型中动态成胶过程

（a）注入速度 0.05mL/min；（b）注入速度 0.075mL/min；（c）注入速度 0.1mL/min；

（d）注入速度 0.125mL/min；（e）注入速度 0.15mL/min

　　由图 4-38 可知，随着时间的延长，铬冻胶在微管中动态成胶时各测压点的压差有相同的变化趋势，先是基本不变，然后迅速增大至最大值后降低，直至稳定阶段，且压差 ΔP_{bd} 和 ΔP_{cd} 存在明显的时间滞后。铬冻胶在多孔介质中动态成胶时不能发生深部运移，但是在微管中动态成胶时存在明显的运移。用压差 ΔP_{ad} 来表征铬冻胶在微管中的动态成胶过程，比较不同注入速度下铬冻胶动态成胶过程随时间和注入孔隙体积倍数的变化关系，见图 4-39。

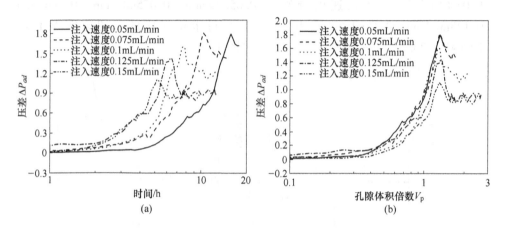

图 4-39　微管中铬冻胶动态成胶压差随时间和注入孔隙体积倍数的关系

　　由图 4-39 可知，随着时间或注入孔隙体积倍数的变化，不同注入速度下压差 ΔP_{ad} 有相同的变化趋势。随着注入速度的增大，成胶时间缩短，稳定阶段压差降低。由压差随孔隙体积的变化可知，压差 ΔP_{ad} 出现峰值时，注入孔隙体积倍数在 1~1.5 倍之间，然后压差逐渐趋于平稳。这说明铬冻胶流出微管模型时压差最大，在铬冻胶流入和流出微管模型达到动态平衡后压差趋于稳定，可用此稳定压差计算单位孔隙体积铬冻胶的黏度。压差到达稳定阶段时刻并不是铬冻胶动态最终成胶时间。由图 4-39 可得不同注入速度下铬冻胶的初始成胶时间及稳定阶段各测压点的压差，见表 4-19。

表 4-19　不同注入速度下铬冻胶在微管中动态成胶时间及稳定压差

HPAM /%	Cr(Ⅲ) /%	注入速度 /mL·min⁻¹	剪切速率 /s⁻¹	IGT/h	稳定压差/MPa		
					ΔP_{ad}	ΔP_{bd}	ΔP_{cd}
0.2	0.04	0.05	15	4.00	1.62	0.9	0.7
		0.075	22.6	2.00	1.44	1	0.4
		0.1	30.1	2.00	1.2	0.6	0.25
		0.125	37.6	1.33	0.92	0.55	0.4
		0.15	45.1	1.33	0.85	0.6	0.3

由表4-18可知，随着注入速度的增大，剪切速率增大，铬冻胶在微管中动态成胶时间缩短，与不同注入速度下多孔介质中铬冻胶动态成胶实验结果一致，稳定阶段各测压点的压差有降低的趋势。

4.5.2.2 酚醛树脂冻胶在微管中动态成胶过程

按照多孔介质中酚醛树脂冻胶动态成胶的实验方法，将填砂管岩心部分换成微管模型，考察注入速度与各测压点压差之间的关系，速度分别为0.05mL/min，0.075mL/min，0.1mL/min，0.125mL/min，0.15mL/min，由式（4-18）可求得对应剪切速率为17.91s^{-1}，26.87 s^{-1}，35.82 s^{-1}，44.78 s^{-1}，53.73 s^{-1}，酚醛树脂冻胶配方为0.2%HPAM+0.6%PFR，见图4-40。

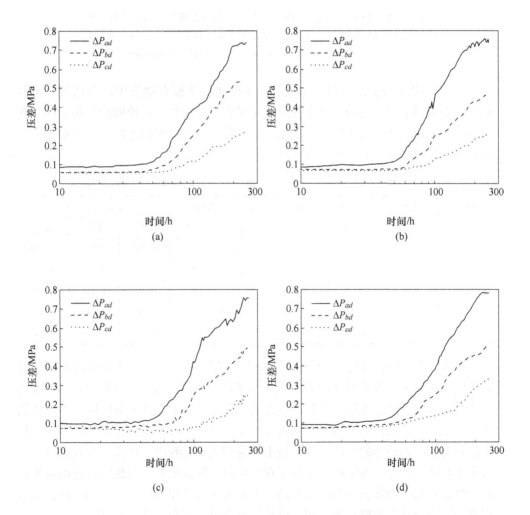

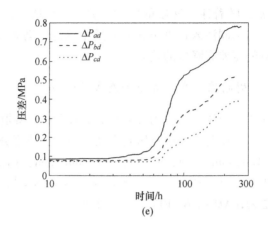

(e)

图 4-40　不同注入速度下酚醛树脂冻胶在微管模型中动态成胶过程

(a) 注入速度 0.05mL/min；(b) 注入速度 0.075mL/min；(c) 注入速度 0.1mL/min；

(d) 注入速度 0.125mL/min；(e) 注入速度 0.15mL/min

由图 4-40 可知，随着时间的延长，酚醛树脂冻胶在微管中动态成胶各测压点压差有相同的变化趋势，与多孔介质中动态成胶相似。这说明酚醛树脂冻胶在微管中动态成胶也经历了诱导、成胶和稳定阶段。酚醛树脂冻胶在微管中动态成胶后的成胶时间和稳定压差，见表 4-20。

表 4-20　不同注入速度下酚醛树脂冻胶在微管中动态成胶时间及稳定压差

HPAM /%	PFR /%	注入速度 /mL·min⁻¹	剪切速率 /s⁻¹	动态成胶时间/h		稳定压差/MPa		
				初始	最终	ΔP_{ad}	ΔP_{bd}	ΔP_{cd}
0.2	0.6	0.05	17.9	25.0	96.7	0.733	0.531	0.262
		0.075	26.9	26.2	106	0.75	0.475	0.257
		0.1	35.8	26.9	114	0.757	0.518	0.274
		0.125	44.8	27.4	115.3	0.781	0.484	0.316
		0.15	53.7	28.3	116	0.779	0.489	0.4

由表 4-20 可知，随着注入速度的增大，酚醛树脂冻胶在微管中动态初始成胶时间和最终成胶成胶时间均延长，这与多孔介质中动态成胶结论吻合。酚醛树脂冻胶在微管中动态成胶过程是循环流动过程，所以不存在下降阶段，而是持续增大直至反应结束，黏度稳定。由式 (4-18) 可知，注入速度增大，剪切速率越大，对冻胶结构破坏的程度越大，越不容易到达稳定阶段，延长了成胶阶段。微管中不存在迂曲度，酚醛树脂冻胶不存在吸附、滞留现象，因此微管两端的压差是由单倍孔隙体积冻胶成胶液引起的。根据表 4-19 和表 4-20 及式 (4-24)，可求得聚合物冻胶动态成胶后各个测压点处的残余阻力系数，见表 4-21。

表 4-21 不同注入速度下微管中动态成胶后残余阻力系数

配 方	剪切速率/s^{-1}	残余阻力系数		
		ad 段	bd 段	cd 段
0.2%HPAM+0.04% Cr(Ⅲ)	15	1065	815	1018
	22.6	631	604	388
	30.1	395	272	182
	37.6	242	199	233
	45.1	186	181	145
0.2%HPAM+0.6% PFR	17.9	482	481	381
	26.9	329	287	249
	35.8	249	235	199
	44.8	205	175	184
	53.7	171	148	194

由表 4-20 可知，随着剪切速率的增大，聚合物冻胶在微管中动态成胶后残余阻力系数逐渐降低，且随着聚合物冻胶的流动方向残余阻力系数有降低的趋势。这是由于剪切速率增大，在冻胶成胶过程中聚合物冻胶受到的破坏程度较大，残余阻力系数降低。在剪切速率小于 45s^{-1} 时，微管中动态成胶后铬冻胶的残余阻力系数大于酚醛树脂冻胶的，当剪切速率大于 45s^{-1} 时，微管中动态成胶后铬冻胶的残余阻力系数小于酚醛树脂冻胶的。这说明铬冻胶的冻胶强度较高，但是受剪切速率的影响比酚醛树脂冻胶大，随着剪切速率的增大，铬冻胶强度降低得较快。

4.5.3 微管中动态成胶后黏度与剪切速率的关系

由表 4-19 和表 4-20 及式（4-27）可求得聚合物冻胶在微管中动态成胶后的黏度，见表 4-22。

表 4-22 不同注入速度下微管中动态成胶后黏度值

配 方	剪切速率 /s^{-1}	冻胶黏度/mPa·s		
		ad 段	bd 段	cd 段
0.2%HPAM+0.04% Cr(Ⅲ)	15	819.7	627.2	783.5
	22.6	485.8	464.6	298.5
	30.1	303.6	209.1	139.9
	37.6	186.2	153.3	179.1
	45.1	143.4	139.4	111.9

配　方	剪切速率/s⁻¹	冻胶黏度/mPa·s		
		ad 段	bd 段	cd 段
0.2%HPAM+0.6% PFR	17.9	370.9	372.2	293.3
	26.9	253	220.7	191.8
	35.8	191.5	180.5	153
	44.8	158.1	134.9	141.5
	53.7	131.4	113.6	149.2

由表 4-21 可知，沿着聚合物冻胶动态成胶流动方向，成胶后黏度值有逐渐降低的趋势，这是由于在成胶过程中大的聚集体比小的聚集体移动速度慢，所以注入端的黏度较高。为此，取三段的平均值作为聚合物冻胶动态成胶后的黏度值，建立黏度与剪切速率的关系，见图 4-41。

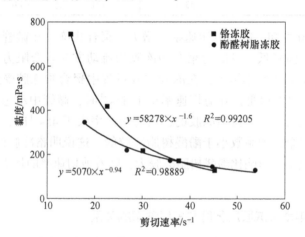

图 4-41　聚合物冻胶在微管中动态成胶后黏度与剪切速率的关系

由图 4-41 可知，随着剪切速率的增大，聚合物冻胶在微管中动态成胶后黏度降低，且聚合物冻胶黏度与剪切速率成 $y = a \times x^{-b}$ 的关系。这与多孔介质中聚合物冻胶动态成胶后黏度与剪切速率的关系相同，其中 a 值反映了聚合物冻胶黏度的大小，a 值越大表示成胶后聚合物冻胶黏度越高；b 值反映了剪切速率对聚合物冻胶黏度的影响程度，b 值越大剪切速率对聚合物冻胶黏度影响越大。由图 4-41 可知，铬冻胶的 a 值为 58278，b 值为 1.6；酚醛树脂冻胶的 a 值为 5070，b 值为 0.94。比较铬冻胶和酚醛树脂冻胶的 a 值和 b 值可知，铬冻胶成胶后黏度值较高，但是受剪切速率的影响较大，从侧面反映出酚醛树脂冻胶的抗剪切能力比铬冻胶强。这与多孔介质中聚合物冻胶动态成胶得到的结论一致。分别对比两种冻胶在微管中和在多孔介质中动态成胶可知，微管中动态成胶后 a 值和 b 值分别

大于多孔介质中的 a 值和 b 值，这是由于多孔介质的比表面积比较大，聚合物冻胶动态成胶时聚合物分子和交联剂分子在多孔介质表面吸附，减小了交联点；同时由于多孔介质的孔喉尺寸较小，限制了聚合物冻胶尺寸的增大，因此形成的冻胶黏度值偏低。多孔介质存在较大的迂曲度，在相同注入速度下，聚合物冻胶在流动过程中的线速度比微管中流动的线速度低，受到的剪切程度低。

通过以上实验较精确地描述了微管中聚合物冻胶成胶过程，同时与多孔介质中聚合物冻胶做对比，验证了多孔介质中动态成胶实验结论。

4.6 小结

（1）建立了多孔介质和微管循环流动模型，分析了聚合物冻胶在多孔介质及微管模型中的动态成胶，结果表明：铬冻胶在多孔介质中动态成胶时不能发生运移，而酚醛树脂冻胶在多孔介质中动态成胶时可发生运移，但受到聚合物和交联剂质量百分数的限制，当聚合物质量百分数大于0.25%，交联剂质量百分数大于0.6%后，酚醛树脂冻胶在多孔介质中动态成胶时不能发生运移。

（2）考察了渗透率对多孔介质中聚合物冻胶动态成胶的影响，结果表明：随着渗透率的增大，动态成胶时间缩短，成胶后冻胶强度增大。建立了冻胶黏度和渗透率的定量关系 $y = a(1 - e^{-bx})$，a 值越大反映冻胶体系黏度越大；b 值越大反映冻胶体系黏度受剪切速率影响越大，冻胶的抗剪切能力越差。铬冻胶 a 值为1081，b 值为0.156；酚醛树脂冻胶 a 值为1067，b 值为0.028。

（3）探讨了注入速度对多孔介质和微管模型中聚合物冻胶动态成胶的影响。结果表明：当多孔介质中剪切速率在 $1 \sim 18 s^{-1}$ 之间时，随着注入速度增大，铬冻胶动态初始成胶时间缩短，酚醛树脂冻胶动态初始成胶时间先缩短后延长，最终成胶时间延长，冻胶强度降低；当微管中剪切速率在 $15 \sim 50 s^{-1}$ 的，随着注入速度增大，铬冻胶成胶时间缩短，而酚醛树脂冻胶成胶时间延长，冻胶强度降低。同时，建立了聚合物冻胶黏度与剪切速率的定量关系 $y = a \times x^{-b}$，a 值越大反映冻胶体系黏度越大；b 值越大反映冻胶体系黏度受剪切速率影响越大，冻胶的抗剪切能力越差。多孔介质中动态成胶铬冻胶 a 值为17880，b 值为1.253；酚醛树脂冻胶 a 值为590，b 值为0.81。微管中动态成胶铬冻胶 a 值为58278，b 值为1.6；酚醛树脂冻胶 a 值为5070，b 值为0.94。

（4）通过分析渗透率和剪切速率对聚合物冻胶多孔介质中动态成胶的影响，建立了聚合物冻胶不同渗透率下注入速度和剪切速率的关系，铬冻胶为0.2%HPAM+0.04%Cr（Ⅲ），酚醛树脂冻胶为0.2%HPAM+0.6%PFR，为不同渗透率下调剖选择注入速度提供理论依据。

参 考 文 献

[1] 赵福麟. EOR 原理 [M]. 东营：中国石油大学出版社，2006：51~53.

[2] 闫建文，李建阁，刘会文，等. 聚合物凝胶封堵剂性能评价及现场试验 [J]. 石油钻采工艺，2006，28（3）：50~53.

[3] 赵福麟. 油田化学 [M]. 2 版. 东营：中国石油大学出版社，2010：129~143.

[4] 刘翔鹗. 我国油田堵水调剖技术的发展与思考 [J]. 石油科技论坛，2004（1）：41~47.

[5] 熊春明，唐孝芬. 国内外堵水调剖技术最新进展及发展趋势 [J]. 石油勘探与开发，2007，34（1）：83~86.

[6] 唐孝芬，吴奇，刘戈辉，等. 区块整体弱冻胶调驱矿场试验及效果 [J]. 石油学报，2003，24（4）：58~61.

[7] 陈于刚，扈中，苗振宝，等. 稠油热采井高温调剖技术在河南油田的应用 [J]. 河南石油，2003，17（增刊）：52~54.

[8] 贺丰果，岳湘安，赵仁保，等. 底水油藏水平井堵剂注入准数及注入选择性研究 [J]. 钻采工艺，2010，33（2）：40~43.

[9] 王志欣. 含油污泥深度调剖技术研究与应用 [J]. 油气田环境保护，2008，18（2）：16~19.

[10] 王涛，田玉刚，胡秋平，等. 垦 632 块强非均质高温油藏聚合物微球注入设计 [J]. 石油天然气学报，2008，30（3）：368~370.

[11] Tseu J, Liang J, Hill A, et al. Re-formation of Xanthan/Chromium gels after shear degradation [J]. SPE Reservoir Engineering, 1992, 7（1）：21~28.

[12] Albonico Paola, Bartosek Martin, Malandrino Alberto, et al. Studies on Phenol-Formaldehyde Crosslinked Polymer Gels in Bulk and in Porous Media [C]. SPE 28983, 1995.

[13] Al-Muntasheri G A, Nasr-El-Din H A, Al-Noaimi K, et al. A Study of Polyacrylamide-Based Gels Crosslinked With Polyethyleneimine [J]. SPE Journal, 2009, 14（2）：245~251.

[14] Spildo K, Skauge A, Skauge T. Propagation of Colloidal Dispersion Gels（CDG）in Laboratory Corefloods [C]. SPE129927, 2010.

[15] Stephen Charles Lightford, Enzo Pitoni, Giovanni Burrafato, et al. Solving Excessive Water Production in a Prolific Long Horizontal Open Hole Drilled in a Naturally Fractured Carbonate Reservoir [C]. SPE113700, 2008.

[16] Robert D. Sydansk, Randall S. Seright. When and Where Relative Permeability Modification Water-Shutoff Treatments Can Be Successfully Applied [C]. SPE 99371, 2007.

[17] Larry Eoff, Dwyann Dalrymple, Don Everett. Global Field Results of a Polymeric Gel System in Conformance Applications [C]. SPE101822-MS, 2006.

[18] 曹宝格，罗平亚，李华斌，等. 疏水缔合聚合物溶液粘弹性及流变性研究 [J]. 石油学报，2006，27（1）：85~88.

[19] Kolnes J, Stavland A, Thorsen S. The Effect of Temperature on The Gelation Time of Xanthan/Cr（III）systems [C]. SPE21001-MS, 1991.

[20] 曹功泽, 侯吉瑞, 岳湘安, 等. 改性淀粉-丙烯酰胺接枝共聚调堵剂的动态成胶性能 [J]. 油气地质与采收率, 2008, 15 (5): 72~74.

[21] 李雪峰. 以木质素为原料合成油田化学品的研究进展 [J]. 油田化学, 2007, 23 (2): 180~183.

[22] 孙焕泉, 张坤玲, 陈静, 等. 疏水缔合效应对聚丙烯酰胺类水溶液结构和流变性质的影响 [J]. 高分子学报, 2006, (6): 810~814.

[23] 王业飞, 于海洋, 张健, 等. 用于渤海油田疏水缔合聚合物驱的表面活性剂降压增注研究 [J]. 中国石油大学学报 (自然科学版), 2010, 34 (6): 151~156.

[24] Sydansk R D. A New Conformance-Improvement-Treatment Chromium (III) Gel Technology [C]. SPE 17329-MS, 1988.

[25] Banerjee R, Patil K, Khilar K. Studies on phenol-formaldehyde gel formation at a high temperature and at different pH [J]. Canadian Journal of Chemical Engineering, 2006, 84 (3): 328~337.

[26] Ghaithan A, Hisham A, Pacelli L J. A Study of Polyacrylamide-Based Gels Crosslinked With Polyethyleneimine [C]. SPE105925-PA, 2009.

[27] 殷艳玲, 张贵才. 化学堵水调剖剂综述 [J]. 油气地质与采收率, 2003, 10 (6): 64~66.

[28] 戴彩丽, 赵福麟, 海热提, 等. 基于溶剂置换法的冻胶堵剂选择性试验 [J]. 中国石油大学学报 (自然科学版), 2008, 32 (4): 73~76.

[29] Tormod Skauge, Kristine Spildo, Arne Skauge. Nano-sized Particles For EOR [C]. SPE19933-MS, 2010.

[30] Yu-Shu Wu, Baojun Bai. Modeling Particle Gel Propagation in Porous Media [C]. SPE115678-MS, 2008.

[31] Yu H, Wang Y, Ji W, et al. A Laboratory Study of the Microgel Used for Polymer Flooding [J]. Petroleum Science and Technology, 2011, 29 (7): 715~727.

[32] 侯永利, 赵仁保, 岳湘安. 无机硅酸凝胶 SC-1 的封堵特性室内实验评价 [J]. 海洋石油, 2010, 30 (2): 48~52.

[33] 刘巍, 曲萍萍, 王业飞. 无机沉淀物作为堵水调剖剂的研究 [J]. 无机盐工业, 2007, 39 (1): 41~44.

[34] 王靖, 阎贵文, 徐宏科, 等. 微生物调剖技术及其进展 [J]. 化学与生物工程, 2007, 24 (7): 12~15.

[35] Krilov Z, Tomic M, Mesic I, et al. Water shutoff in extremely hostile environment: An experimental approach in geologically complex, gas condensate reservoirs using cross-linked gels [A]. 1998: 239~245.

[36] Reddy B R, Eoff L S, Dalrymple E D, et al. Natural Polymer-Based Compositions Designed for Use in Conformance Gel Systems [J]. SPE Journal, 2005, 10 (4): 385~393.

[37] Mehdi Mokhtari, Mehmet Evren Ozbayoglu. Laboratory Investigation on Gelation Behavior of Xanthan Crosslinked with Borate Intended To Combat Lost Circulation [C]. SPE136094, 2010.

［38］ Al-Muntasheri G, Nasr-El-Din H, Al-Noaimi K, et al. A Study of Polyacrylamide-Based Gels Crosslinked With Polyethyleneimine ［J］. SPE Journal, 2009, 14 (2)：245~251.

［39］ Dolan D M, Thiele J L, Willhite G P. Effects of pH and Shear on the Gelation of a Cr (III) - Xanthan System ［J］. SPE Production & Operations, 1998, 13 (2)：97~103.

［40］ Boey F, Qiang W. Determiningthe gel point of an epoxy hexaanhydro \ 4 \ methylphthalic an-hydride (MHHPA) system ［J］. Journal of Applied Polymer Science, 2000, 76 (8)：1248~1256.

［41］ Gao S, Guo J, Wu L, et al. Gelation of konjac glucomannan crosslinked by organic borate ［J］. Carbohydrate Polymers, 2008, 73 (3)：498~505.

［42］ Chambon F, Winter H. Stopping of crosslinking reaction in a PDMS polymer at the gel point ［J］. Polymer Bulletin, 1985, 13 (6)：499~503.

［43］ Basta M, Picciarelli V, Stella R. Electrical conductivity in the kinetic gelation process ［J］. Eu-ropean Journal of Physics, 1991, 12：210~213.

［44］ Purkaple J D, Summers L E. Evaluation of Commercial Crosslinked Polyacrylamide Gel Systems for Injection Profile Modification ［C］. SPE 17331, 1988.

［45］ Meister J. Bulk Gel Strength Tester ［C］. SPE 13567, 1985.

［46］ 高振环. 多孔介质中冻胶强度测试方法的探讨 ［J］. 油田化学, 1990, 7 (3)：240~243.

［47］ 戴彩丽, 张贵才, 赵福麟. 影响醛冻胶成冻因素的研究 ［J］. 油田化学, 2001, 18 (1)：24~26.

［48］ Prud'homme R K, Uhl J T, Poinsatte J P. Rheological Monitoring of the Formation of Polyacryl-amide/Cr+3 Gels ［J］. 1983, 23 (5)：804~808.

［49］ Alvaro Prada, Faruk Civan E. Dwyann Dalrymple. Evaluation of Gelation Systems for Conform-ance Control ［C］. SPE, 59322-MS, 2000.

［50］ 闫建文, 张玉荣, 才程. 适用于高矿化度地层调剖剂实验研究 ［J］. 油气地质与采收率, 2009, 16 (6)：70~73.

［51］ 朱怀江, 刘玉章, 樊中海, 等. 动态过程对聚合物-酚醛交联体系成胶机理的影响 ［J］. 石油勘探与开发, 2002, 29 (6)：84~86.

［52］ Baylocq P, Fery J J, Grenon A. Field Advanced Water Control Techniques Using Gel Systems ［C］. SPE49468, 1998.

［53］ Daniel B, Olivier M, Alain Z, et al. Shear Effects on Polyacrylamide/Chromium(III) Acetate Gelation ［J］. SPE Reservoir Evaluation & Engineering, 2000, 3 (3)：204~208.

［54］ 胡菁华, 刘玉章, 白宝君, 等. 剪切下交联研究 ［J］. 石油勘探与开发, 2002, 29 (4)：101~102.

［55］ 张群志, 赵文强, 陈素萍, 等. 不同剪切方式对聚合物溶液及凝胶性能的影响 ［J］. 油田化学, 2008, 25 (3)：256~260.

［56］ 刘巍, 陈凯, 崔亚, 等. 稳定剪切条件下聚合物冻胶的交联动力学研究 ［J］. 中国石油大学学报 (自然科学版), 2007, 31 (6)：102~106.

［57］ Chauveteau G, Tabary R, Renard M. Controlling In-Situ Gelation of Polyacrylamides by

Zirconium for Water Shutoff [C]. SPE 50752-MS, 1999.

[58] 黎钢, 郝立根, 杨芳, 等. 聚丙烯酰胺/酚醛树脂的胶凝反应动力学探讨 [J]. 应用化学, 2003, 20 (4): 391~393.

[59] 韩明, 李宇乡, 刘翔鹗. 黄胞胶在铬离子存在下的成冻反应 [J]. 油气采收率技术, 1994, 1 (2): 13~17.

[60] Bhasker R, Stinson J, Willhite G, et al. The Effects of Shear History on the Gelation of Polyacrylamide/Chromium VI Thiourea Solutions [J]. SPE Reservoir Engineering, 1988, 3 (4): 1251~1256.

[61] Kolnes J, Stavland A, Thorsen S. The Effect of Temperature on the Gelation Time of Xanthan/Cr (III) Systems [C]. SPE 21001, 1991.

[62] Carvalho W, Djabourov M. Physical gelation under shear for gelatin gels [J]. Rheologica Acta, 1997, 36 (6): 591~609.

[63] 张丽庆, 王斌, 唐金星, 等. 微凝胶体系循环流动成胶特征研究 [J]. 河南油田, 2005, 19 (1): 41~42.

[64] 吕晓华, 唐金星, 张丽庆, 等. 低浓度微凝胶体系动态成胶及驱油实验 [J]. 石油与天然气化工, 2003, 32 (3): 162~164.

[65] 皇海权, 唐金星, 傅晓燕, 等. 微凝胶渗流特性参数研究 [J]. 河南油田, 2004, 18 (2): 35~39.

[66] 罗宪波, 蒲万芬, 赵金洲, 等. 交联聚合物溶液动态成胶时间确定及运移过程研究 [J]. 西南石油学院学报, 2005, 27 (5): 72~75.

[67] 李先杰, 宋新旺, 侯吉瑞, 等. 多孔介质性质对弱凝胶深部调驱作用的影响 [J]. 油气地质与采收率, 2007, 14 (4): 84~87.

[68] 李先杰, 侯吉瑞, 岳湘安, 等. 剪切与吸附对弱凝胶深部调驱作用的影响 [J]. 中国石油大学学报 (自然科学版), 2008, 31 (6): 147~151.

[69] McCool C, Li X, Wilhite G. Flow of a Polyacrylamide/Chromium Acetate System in a Long Conduit [J]. SPE Journal, 2009, 14 (1): 54~66.

[70] Seright R. Use of preformed gels for conformance control in fractured systems [J]. Old Production & Facilities, 1997, 12 (1): 59~65.

[71] Wang G X, Wang Z H, Chen Z Q, et al. Rate equation of gelation of chromium (III) -polyacrylamide sol [J]. Chinese Journal of Chemistry, 1995, 13 (2): 97~104.

[72] Allainc, Saloml. Gelation of semidilute polymer solutions by ion complexation: critical behavior of the rheological properties versus cross-link concentration [J]. Macromolecules, 1990, 23 (4): 981~987.

[73] Prud'homme R, Uhl J. Kinetics of polymer/metal-ion gelation [C]. SPE 1640, 1984.

[74] Romero-Zeron L B, Hum F M, Kantzas A. Characterization of Crosslinked Gel Kinetics and Gel Strength by Use of NMR [J]. SPE Reservoir Evaluation & Engineering, 2008, 11 (3): 439~453.

[75] Hunt J, Young T, Green D, et al. A study of Cr (III) -polyacrylamide reaction kinetics by equi-

librium dialysis [J]. AIChE Journal, 1989, 35 (2): 250~258.

[76] Klaveness T M, Ruoff P. Kinetics of the Crosslinking of Polyacrylamide with Cr (III) . Analysis of Possible Mechanisms [J]. The Journal of Physical Chemistry, 1994, 98 (40): 10119~10123.

[77] Ferry J. Viscoelastic properties of polymers [M]. John Wiley & Sons Inc, 1980: 234.

[78] Bhaskar R. Transient Rheological Properties of Chromium/Polyacrylamide Solutions Under Superimposed Steady and Oscillatory Shear Strains [D]. PhD dissertation, U. of Kansas, 1988.

[79] Djabourov M, Leblond J, Papon P. Gelation of aqueous gelatin solutions. II. Rheology of the sol-gel transition [J]. Journal de Physique, 1988, 49 (2): 333~343.

[80] Jain R, McCool C S, Green D W, et al. Reaction Kinetics of the Uptake of Chromium (III) Acetate by Polyacrylamide [J]. SPE Journal, 2005, 10 (3): 247~255.

[81] Herbas J, Moreno R, Romero M F, et al. Gel Performance Simulations and Laboratory/Field Studies to Design Water Conformance Treatments in Eastern Venezuelan HPHT Reservoirs [C]. SPE 89398, 2004.

[82] Bryan J, Kantzas A, Bellehumeur C. Viscosity Predictions for Crude Oils and Crude Oil EmulsionsUsing Low Field NMR [C]. SPE 77329, 2002.

[83] Bryan J, Kantzas A, Mirotchnik K. Viscosity determination of heavy oil and bitumen using NMR relaxometry [J]. Journal of Canadian Petroleum Technology, 2003, 42 (7): 29~34.

[84] 谭忠印, 马金, 王琛, 等. 原子力显微镜对聚丙烯酰胺凝胶分形结构的研究 [J]. 中国科学 (B辑), 1999, 29 (2): 97~100.

[85] Peng S, Wu C. Light scattering study of the formation and structure of partially hydrolyzed poly (acrylamide)/calcium (II) complexes [J]. Macromolecules, 1999, 32 (3): 585~589.

[86] 韩明, 施良和, 叶美玲. 黄原胶以三价铬交联的水凝胶的脱水行为 [J]. 高分子学报, 1995, 5: 590~595.

[87] 李克华, 王任芳, 赵福麟, 等. 铬离子与聚丙烯酰胺交联反应动力学研究 [J]. 石油学报 (石油加工), 2001, 17 (6): 50~55.

[88] Sydansk R D. A New Conformance-Improvement-Treatment Chromium (III) Gel Technology [A]. SPE Enhanced Oil Recovery Symposium [C]. SPE/DOE 17329, 1988.

[89] 马庆坤, 朱维耀, 高珉, 等. 可动凝胶体系渗流流变特性及其表征 [J]. 石油学报, 2007, 28 (5): 85~88.

[90] 于海洋, 张健, 赵文森, 等. 绥中36-1油田疏水缔合聚合物冻胶成胶影响因素实验研究 [J]. 中国海上油气, 21 (6): 393~397.

[91] 傅献彩, 沈文霞, 姚天扬. 物理化学 [M]. 北京: 高等教育出版社, 2002: 742~746.

[92] 张新民, 郭拥军, 冯如森, 等. 抗温耐盐疏水缔合聚合物低交联强凝胶调堵剂性能研究 [J]. 石油天然气学报, 2008, 30 (2): 317~318.

[93] 孙立梅, 李明远, 林梅钦, 等. 水溶性酚醛树脂的合成与水化特性 [J]. 应用化学, 2008, 25 (8): 961~965.

[94] 罗宪波, 蒲万芬, 武海燕, 等. 交联聚合物溶液的微观形态结构研究 [J]. 大庆石油地

质与开发，2003，22（5）：60~62.

[95] 陈艳玲，杨问华，袁军华，等. 聚丙烯酰胺/醋酸铬与聚丙烯酰胺/酚醛胶态分散凝胶的纳米颗粒自组织分形结构 [J]. 高分子学报，2002，（5）：592~597.

[96] 彭利，李睿姗，杨卫. 高盐油藏复合交联剂弱凝胶体系成胶动态研究与应用 [J]. 石油天然气学报（江汉石油学院学报），2010，32（2）：336~340.

[97] 高元. 双基团交联 HPAM 冻胶深部调驱体系研究 [D]. 北京：中国石油大学，2011.

[98] Liu J., Seright R. S. Rheology of Gels Used for Conformance Control in Fractures [J]. SPE Journal, 2001, 6 (2)：120~125.

[99] 张明霞，杨全安，王守虎. 堵水调剖剂的凝胶性能评价方法综述 [J]. 钻采工艺，2007，30（4）：130~133.

[100] 张继红，王亚楠，赵提财，等. 低温调堵剂凝胶的流变特性 [J]. 大庆石油学院学报，2008，32（3）：34~36.

[101] 高建，岳湘安，侯吉瑞. 高吸水冻胶调剖堵水剂的流变性能 [J]. 华东理工大学学报（自然科学版），2006，32（9）：1038~1041.

[102] 刘庆旺，范振中，王德金. 弱凝胶调驱技术 [M]. 北京：石油工业出版社，2003：3~14.

[103] 卢祥国，胡勇，宋吉水，等. Al~(3+) 交联聚合物分子结构及其识别方法 [J]. 石油学报，2005，26（4）：73~76.

[104] Smith J E. The Transition Pressure：A Quick Method for Quantifying Polyacrylamide Gel Strength [C]. SPE 18739-MS , 1989.

[105] Prada A, Civan F, Dalrymple E D. Evaluation of Gelation Systems for Conformance Control [C]. SPE/DOE 59322 , 2000.

[106] Park P J, Sung W. Polymer translocation induced by adsorption [J]. The Journal of Chemical Physics, 1998, 108 (7)：3013~3018.

[107] 刘巍，陈凯，崔亚，等. 稳定剪切条件下聚合物冻胶的交联动力学研究 [J]. 中国石油大学学报（自然科学版），2007，31（6）：102~106.

[108] Metzner A, Otto R. Agitation of non \ Newtonian fluids [J]. AIChE Journal, 1957, 3 (1)：3~10.

[109] 时钧，汪家鼎，佘国琮，等. 化学工程手册（上下册）[M]. 第二版. 北京：化学工业出版社，1996：5-25~5-28.

[110] Savins J. Non-Newtonian flow through porous media [J]. Industrial & Engineering Chemistry, 1969, 61 (10)：18~47.

[111] Jennings R, Rogers J, West T. Factors influencing mobility control by polymer solutions [J]. Journal of Petroleum Technology, 1971, 23 (3)：391~401.

[112] Gogarty W, Levy G, Fox V. Viscoelastic effects in polymer flow through porous media [C]. SPE 4025, 1972.

[113] Camilleri D, Engelson S, Lake L W, et al. Description of an Improved Compositional Micellar/Polymer Simulator [J]. SPE Reservoir Engineering, 1987, 2 (4)：427~432.

[114] Al-Muntasheri G A, Zitha P L J. Gel under Dynamic Stress in Porous Media: New Insights u-sing Computed Tomography [C]. SPE 126068, 2009.

[115] 王业飞, 徐怀民, 于海洋, 等. 疏水缔合聚合物/Cr^{3+} 冻胶在多孔介质中动态成胶研究 [J]. 油气地质与采收率, 2011, 18 (6): 59~62.

[116] Hirasaki G J, Pope G A. Analysis of Factors Influencing Mobility and Adsorption in the Flow of Polymer Solution Through Porous Media [C]. SPE 4026, 1972.

[117] 王新海, 赵郭平. 幂律流体在多孔介质中的剪切速率 [J]. 新疆石油地质, 1998, 19 (8): 312~314.

[118] 秦积舜, 李爱芬. 油层物理学 [M]. 东营: 石油大学出版社, 2001: 130~133.

[119] 张建英, 杨普华. HPAM 的分子量对岩心渗透率适应性研究 [J]. 石油勘探与开发, 1995, 22 (4): 74~77.

[120] Kumar A, Gupta R K. Fundamentals of polymer engineering [M]. NEW YORK: MARCEL DEKKER, INC., 2003: 584~590.

[121] McCool C S, Li X, Willhite G P. Effect of Shear on Flow Properties During Placement and on Syneresis After Placement of a Polyacrylamide Chromium Acetate Gelant [C]. SPE 106059, 2007.